如何培养自信心

古保祥·编著

吉林文史出版社

图书在版编目（CIP）数据

如何培养自信心 / 古保祥编著. —长春：吉林文
史出版社，2017.5
ISBN 978-7-5472-4323-7

Ⅰ.①如… Ⅱ.①古… Ⅲ.①自信心—青少年读物
Ⅳ.①B848.4-49

中国版本图书馆CIP数据核字（2017）第140208号

如何培养自信心
Ruhe Peiyang Zixinxin

编　　著：	古保祥
责任编辑：	李相梅
责任校对：	赵丹瑜
出版发行：	吉林文史出版社（长春市人民大街4646号）
印　　刷：	永清县晔盛亚胶印有限公司印刷
开　　本：	720mm×1000mm　1/16
印　　张：	12
字　　数：	129千字
标准书号：	ISBN 978-7-5472-4323-7
版　　次：	2017年10月第1版
印　　次：	2017年10月第1次
定　　价：	35.80元

目 录

CONTENTS

阴霾是失去信念的阳光

　　1967年5月，美国西雅图第一中学，操场上人声鼎沸，学校正在举行一年一度的篮球比赛。以华裔骆家辉为首的一支篮球队与另外一支篮球队在赛场上狭路相逢，双方剑拔弩张，打得不可开交。

　　裁判的一次误判，让骆家辉感到不满意，他上前向裁判申诉，裁判认为他无理取闹，便掏出了黄牌。对方球员认为骆家辉输不起，便用嘲笑的口吻讽刺他，他忍无可忍，将一记耳光甩在了对方球员的脸上。

　　球场上发生了斗殴事件，这在西雅图中学还是头一遭。校长闻讯后，要求对闹事者严惩不贷。当时的美国，对华裔有偏见，骆家辉收到了一份在家停学3个月的惩罚书。

　　骆家辉不服这样的处罚，他几次找到校长申诉，校长觉得他不可理喻，便给他的父亲打了电话，让父亲领他回家反省。

父亲领着骆家辉回到西雅图的家里，他们每天在田园里劳作。骆家辉低着头，失败的阴影始终笼罩着他，他一心想当个好学生，将来扩大华裔在美国的影响力，可是这个路程走起来却无比艰难。

有一次，他与父亲一起拉着一大车的蔬菜去市场上卖，但在回来的路上，却突然遇到了暴雨，由于未带雨具，周围也没有找到一个合适的避雨场所，他们被淋成了落汤鸡。

雨始终没有停下来的意思，父亲看了看天，对骆家辉说道："我们接着赶路吧，等到雨停了，天也就黑了，回家的路会更加坎坷。"

骆家辉看了看天，他看到一大块一大块的阴霾笼罩着天际，挥之不去，他嘴里嘟囔着："怎么都是阴霾，阳光哪去了？"

父亲一边在前面拉着车，一边大声告诉他："不，阳光就在那儿，它没有走远，阴霾只是失去信念的阳光，只要天空充满了力量和自信，用不了多久，阴霾就会变成阳光的。"

父亲的话很有哲理，让骆家辉顿悟。他一边推着车子，一边抬头看天，果然，没多久，雨停了，夕阳露出了笑脸，阴霾消失殆尽。

后来，这个叫骆家辉的孩子不负众望，一口气奔跑在青云直上的仕途上。2009年，奥巴马提请骆家辉为第一位华裔商务部长，2011年，他又被奥巴马钦点为新一任驻华大使。奥巴马在白宫自豪地透露：骆家辉是担任驻华大使的唯一人选。

　　阳光无时无刻不停留在我们的天空中，只是我们被困难所缠绕，被失利所笼罩，我们的双眼沾满了泪水，却没有看清前方的康庄大道。

　　阴霾只是失去信念的阳光，在乌云覆盖的天空下，只要我们从不停歇，多去分析失利的原因，总结经验，总有一天，我们的双手一定可以拨云见日，阳光会重新照耀生命的蓝天。

哭是眼开给世界的花

她生性软弱，遇到不顺心的事情总是爱哭鼻子。

8岁时，由于父母工作繁忙，她便自告奋勇地独自上学、放学。每天，她需要徒步走五英里的路程，在萨默塞特郡，她可以称得上是唯一一个徒步上学的孩子。当然，她会遇到许多麻烦，比如说恶劣的天气，再比如说有部分可恶的男生会在半路上截住她、纠缠她，而她的眼泪却成了唯一的武器。她痛哭流涕，吓得几个坏家伙逃之夭夭，此后再也不敢欺负她。

她从小对足球痴迷，曾经参加学校组织的女子足球队。在英国，女子足球并不普及，校方唯一一支临时组建的女子足球队于一年后解散，理由是缺乏资金和相关比赛条件。她不解，领着一帮姐妹们围住校长办公室要说法，结果差点儿被开除学籍。

许多人都走了，这个年仅12岁的小姑娘，在办公楼前面放声痛哭，许多人离她远远的，不敢劝慰她。她哭过后，便跑得无影无踪，用不了多久便又笑容满面地回来。

她将目标瞄向了男子足球队。萨默塞特郡中学有4支训练有素的足球队，她找到了队长，说了自己想参加足球队进行训练。队长十分不屑，说踢足球是男孩子的事情，让她最好乖巧点儿，可以当啦啦队的队员。

她不死心，将4个足球队走了个遍，可他们依然无法接受她。无奈之下，她只好杀入校长办公室里，校长不肯帮忙，她便不走，一坐便是一下午，眼泪汪汪，弄得校长毫无办法，最后只得举荐她进入了第四足球队进行训练。

她每天和男孩子一样跑5000米，遇到比赛日，早上5时便起床。她干脆留了短发，像个男孩子的模样，脸上抹了泥与灰。融入比赛的她，用一种忘我的精神，表达自己的青春与执着。

经常受伤，浑身酸痛，她任眼泪肆意横流，却不敢掉队，校报的记者问她为什么，想参加女子世界杯吗？她无法回答，自己什么也不图，就是想证明自己的实力，自己想到的事情，一定要做到。

在三年时间里，她没有射入一个球，这也成了校史上的笑柄。受到讥笑，面对磨难，有时候会损伤自己的尊严，但她学会了坚强，每当眼泪肆流时，她总是隔着泪眼看太阳，阳光如针如线一样，在自己的眼泪中折射成一朵花。眼泪越多，花朵绽放得越大，当眼泪终于消失殆尽时，她蓦然看到了璀璨的光芒，火一般的活力四射。

　　16岁那年，一个偶然的机会，她临时担任一场校足球比赛的主裁判，由于懂规则，聪明好学，加上她的执法严格、准确，让所有人都非常信服。比赛结束后，校报评价她是整场比赛中唯一的亮点。

　　自此，这个叫戈德史密斯的16岁女孩子疯狂地喜欢上了足球裁判这项工作，她努力地掌握比赛规则，学习要领，并且报名参加了裁判培训班，然后参加了英国足协组织的裁判入围考试，内容包括笔试和实践考试。最后，她在所有的考试中均得到了必需的75分以上，成功地成为人类历史上最年轻的足球裁判，打破了吉尼斯世界纪录。

　　赛场上的她，成熟老到，遇到烦恼的事情，依然会梨花带雨，照样会潸然泪下，但坚毅的力量始终照耀着她的面孔。她对《泰晤士报》的记者这样说道：哭是世界上最好看的花，是花就有生命的力量。因此，不要瞧不起爱哭的孩子，爱哭的孩子，心灵上始终开放着一朵叫作刚强的花。

千里马也可以做自己的伯乐

他于1982年出生在俄罗斯的喀山，家庭背景一般，在喀山大学深造时，他喜欢钻研IT行业，并且办了全校唯一一份IT行业的报纸。他曾经在学校的演讲会上信誓旦旦：自己愿意开启俄罗斯IT行业的未来。

为了实现这个理想，他在学校里专心攻读IT专业，利用业余时间跑到莫斯科的电脑市场上兜售自己的思想。他曾经在实习期间，数次敲响传媒大亨的家门，陈述自己的理想，希望得到一份能够施展自己才华的工作。他的这种思维没有任何错误，但在俄罗斯，他却没有得到赏识，也没有得到任何一位精英的注意，他一度郁郁寡欢。

毕业后，他仍然坚持走自己喜爱的IT道路。他躲在一家小型公司的办公室里，挣微薄的薪水，夜晚时候到酒吧里买醉，除了怨天尤人外，他找不到一丝安慰自己的理由。

他一直在寻找发现自己这匹良驹的伯乐。他曾经毛遂自荐，将简历复印1000份，然后撒到莫斯科的大街小巷。但他收到的电话大多数是名不见经传的小公司打来的，他们希望他能够安下心来，做一份打字或者编网页的工作。

时间一直在流逝，他的理想未曾改变。一次良机，他有幸参与了一家IT公司的重组工作。这家公司面临倒闭，急需转让出去，他想将其买下来，作为自己发展的基础，他跑遍了莫斯科所有的银行，终于争取来一些可怜的贷款。他与对方沟通协商后，以低价买进了这家IT公司，但同时他也背上了40万卢布的债务，这对于一个刚刚毕业的孩子来讲，无异于天文数字。

一切从负数开始，他用了3年的时间苦心经营，好不容易偿还了所有的债务，但金融危机漫延全球。2008年，他又一贫如洗，他的互联网产品原来畅销无比，一夜之间却无人问津，原来的广告商踢破了门槛儿，但现在，他却收不到一家广告公司的订单。

危机不等于绝望，凭借着天生的机敏与才智，他东山再起。2010年，他成立了IT park公司，不到半年时间，凭借着良好的人脉关系，他迅速汇集了众多IT界的精英，仅用了1年时间，他的营业额便突破了1亿美元。

他的事业风生水起。2012年，俄罗斯新任总统普京慧眼识英雄，在俄罗斯众多财富精英中选中了他，从5月份起，他出任俄罗斯信息部长，他同时是俄罗斯历史上最年轻的部长，他成为全球80后的骄傲。

俄罗斯媒体竞相报道28岁的年轻部长尼古拉·尼基福洛夫，他激动地自我介绍：不是所有的千里马都能够找到适合自己的伯乐，如果没有伯乐垂青，自己就是自己的伯乐。

如果你是千里马，与其苦等伯乐的光临，倒不如静下心来，苦其心志，饿其体肤，铸炼自己的体魄与精神，无论在什么境遇下，我们都要坚信：我们就是千里马，千里马也可以是自己的伯乐。

好消息是宝，坏消息是贝

人们每天都在盼望好消息降临。好消息是爱、是金钱、是富足，是前方点燃的灯，更是殷切的期望。

没有人喜欢坏消息，比如说天降大雨、惊闻噩耗、考了个坏成绩、闯了个祸。

这是所有人的共同点，坏消息就好像一盏熄灭的灯，一个坏了的电扇，毫无吸引人的地方。

我遇到一个孩子，考试成绩很差，几乎每次考试都是最后一名，这无疑成了班里乃至校园里最固定的一道"风景"了，就好像是他的专利。

他十分渴望得到一次好成绩来振奋精神，但上天从不眷顾他，他每天郁郁寡欢。于是，他想到了作弊。在一次考试前，他以高昂的代价买到了一份答案，他喜出望外，好像捡到了一个大便宜，他觉得他可以藉此变得与众不同。

那次成绩，无翼于一颗原子弹，在校园里炸响，辐射的放射线电波震动了一个多月时间。他自豪无比，他觉得老师看他的目光也温柔了许多。

但东窗事发，有人举报了他，说他是"窃题大盗"，不仅如此，卖题的同学也受到影响。他面临着一次致命的选择，因为按照惯例，结局只有一个，就是被开除。

想起家中病弱的母亲以及外出务工的父亲，他头一次泪流满面，是发自肺腑的。由于认错态度良好，他得到了一次改过自新的机会。

箭在弦上，不得不发，不成功则无法回头。

他的基础太弱了，于是，坚持一段时间后，他想到了退学。班主任叫他进办公室，没有指责，只有简单的开导之语，老师最后说道：

"看似坏事，其实未必。坏消息与好消息从来不是绝对的，窃题事件发生后，对你来说是坏消息，同时也算是好消息，你终于发现了自己的缺点，现在还来得及，没有哪个消息比这个更糟了。好消息是宝，大家都喜欢，但坏消息也是贝呀，众所周知，贝中有黄金、有水晶，它平日里以默默无闻的态度生存，只要你努力了、坚持了，总有一天，能够摘取藏在贝中的黄金。"

人生就是这样，有时候，一次磨难可以让人醍醐灌顶，一次打击可以让人破釜沉舟。

好消息是宝，宝谁不喜欢？但坏消息通常是好消息的前兆，这世上没有无缘无故的错与对。

坏消息爱雪藏自己，藏得够深，你不靠勤劳、勇敢、智慧和爱，根本无法驱赶坏消息。

灯是善，光是心

深夜时分，一个下班回家的农民工，路过一条窄长的小巷。小巷窄，有风掠过，但更有危险降临。没有灯光，车子掉在裸露的窨井里，车子瞬间成了麻花，农民头碰在旁边的墙壁上，血流如注。

小巷偏僻，只住着几户快要拆迁的人家，这儿要进行城网改造，到处写着大大的"拆"字。

一个十来岁的小男孩儿，正在深夜的凉风中等待父母回家，他做完了作业，热好了饭菜。穷人家的孩子早当家，父母给了他全部的爱，他唯一能做的便是做一道可口的菜，家是父母的港湾，也是他的全部依靠。

外面有动静，也许是父母回家了。

小男孩儿兴奋不已，破烂的围墙外，借着手电筒的光芒，他看到路上趴着一个人。他有些恐惧地回到屋中，将电视机的声音开到最小，后来干脆关掉了灯。无边的黑暗，是送给自己的最好安慰。

他蓦地想起了那个可怕的窨井，顾不得害怕了，他着急忙慌地出了门：果然，有人受伤了！

电话线早断了，他跑了三条街，终于找到一个陌生的路人，那人帮忙打了急救电话。

小男孩儿拐回弄里，从家中拿出各种各样的药，止血药敷在那人的伤口上，无济于事。小男孩儿想到了冰，白天他调皮时冻的冰，冰可以止血，他一股脑儿地搬了一大堆，那人的血止住了。

小男孩举着手电筒，沿着小巷的两边来回照射。他这样做，一是生怕有人过来，这儿危险；二是灯光是警醒，可以让自己不要害怕。

急救车迷了路，并没有及时赶来，小男孩儿坚守了一个多小时。

他多么盼望父母可以早早地下班，但父母并没有准时回家。他们每晚都是这样，父亲是农民工，在工地上劳累；母亲上夜班，在超市里工作。

他们都是这个城市孤独的守护者。

好不容易，急救车赶来了，医护人员按部就班，询问相关情况，小男孩儿讲了个大概。护士对他竖起了大拇指，血止住了，生命无大碍，好神奇的小子。

赞扬声是对小男孩儿最大的鼓励了，伤员走了，他并没有走。面对没有盖子的窨井，他的任务仍在持续，为了他人的安全，他不能袖手旁观。

父母回来时，小男孩依然在风中等候，手电筒换了两次电池，当他们知道事情的来龙去脉后，搂着孩子稚嫩的双肩泪流满面。

没有过多的褒奖，这世上做好事的人不计其数，小男孩儿像一粒尘埃，没有掀起丝毫的波澜。

但醒来的农民工告诉家人："昏迷时，我看到了灯光，是灯光救了我，它一直在游动着，这是一种力量，我告诉自己：我不能离开这个世界。"

这应该是最简单却最真实的表扬了。

灯是善，你见过没有光的灯吗？它们只要点亮了，便会激发起爱的力量，光芒四射，无边无垠。

光是爱、是心、是德，更是芸芸众生与大千世界。

比云更高的，还有山

2000年12月的一天，日本东京国立中学的一间教室内，正在进行一年一度的作文测试，一个矮瘦的男生此时正紧张地在抽屉里搜索着一本作文书。他体弱多病，最讨厌的课程便是作文课，最喜爱的事情是户外运动，攀登珠峰是他最大的梦想。

作文老师神不知鬼不觉地出现在他的面前，使他手上的动作暂时停歇。当老师拿走他的作文书时，他感觉有一种失落感，在失去依赖的情况下，他不得不借助自己的空想完成今天的考试。

他凭空设想了自己的将来：自己可以在云朵上翩翩起舞，原来云朵上也是一片平坦，在地面上能做的事情，在云朵上也可以完成。你可以唱歌，可以种一片庄稼，更可以与小伙伴们一起玩耍，只是你需要注意云朵的间隙，那是整个云最薄弱的部分，一不小心，你就会从云朵的缝隙里掉下来。

这篇作文被老师当作范文在课堂上朗诵，老师的点评结果是：文采并不出众，但想象力丰富，只是缺乏可以实现的基础。

同学们嘲笑他的空想，说云朵是虚幻的，怎么可能上去？他下课时，带着疑惑找到作文老师，问他这样的梦想是否可以实现？

作文老师被这个小家伙的执着感染了，作文老师低下身去抚摸他的头，说道：科幻是不可能实现的，迄今为止，还没有人能够在云朵上跳舞。

这个叫栗城史多的小个子听完后，一阵沮丧。他每天傍晚时分，便站在村口的山坡上，看着天上的朵朵白云，他好想自己长一对像雄鹰一样的翅膀，飞越苍穹，跨越云朵。

18岁那年，他开始攀登日本的富士山，体弱多病的他受尽了折磨与白眼，在无数人奚落的眼神里，他选择了坚持。富士山并不高，他却登了两次才成功。第一次他的腿抽筋，打了急救电话，医生与护士风风火火地将他抬下来，医生告诫他不要玩火自焚，他却赌气地从病床上爬起来，逃回家中；第二次他准备了很长时间，成功后，他不知足，觉得应该挑战更高的山峰，他的目标瞄准了珠穆朗玛峰。

这简直就是一个幻想，医生听完他的宏图伟业后直皱眉头，因为无论是身体素质、心脏搏动情况，还是握力、脚力、肺活量及肌肉发达程度，他都低于成年男子的平均水平，先天不足的人如何挑战人类的极限？

但他是个不服输的家伙，他认为自己有登顶富士山的经验，况且自己的心理状态极为优秀，即使不成功，也可以积累登山方面的经验，哪怕真的失败，结果也不过是永远与高山葬在一起。

在攀登珠峰前，他加强了体育锻炼的强度，希望提高自己应对各种困难的决心和经验。他在经历了生死考验后，成功地登上世界第七高峰——道拉吉里峰。

2008年，他第一次登珠峰失败，他的身体支持不住，出现短暂性的休克、视力模糊，严重的缺氧反应差点儿让他魂断珠峰。第二次，他总结了经验，在自己身体状态最好的时候出发，但事与愿违，珠峰发生了严重的雪崩，当一位遇难者的遗体出现在他的面前时，苦难、死亡的考验袭来，他的心理接近崩溃，他退缩了。

在两年的调整期中，他选择了沉默与坚强。亲人与家人的不理解，爱人的离开，一系列变故倾轧过来，他并没有被击倒，而是痛定思痛，暗下决心，从头再来。2011年11月，在经历了两次失败后，他成功地登顶珠峰。在他的日记中他这样写道：看到无数的云朵在自己的脚下游荡时，我感到自己胜利了，小时候的梦想实现了。原来，比云高的，还有山。

云时常用一种高傲的姿态面对着世间万物，让你无法企及。但是既然我们无法在云朵上起舞，无法用自己的身躯去征服它的虚幻，我们何不换一换思路——我们要超越云的身躯。

比云高的还有山，当你有一天登上伟大的巅峰时，你会发现，云不过是虚幻地在你的脚下徘徊、游荡，而你脚下所踩的，是实实在在的胜利。

比路更长的，还有脚；比云更高的，还有山。

先受伤，然后再开花

6岁的小姑娘塞隆由于膝盖受伤，不得已暂时告别了钟爱的芭蕾舞舞台，在家里养伤，母亲是唯一陪伴她的亲人。

在南非的豪登省，母亲经营着一家大型的庄园，除了种植庄稼外，她还种植着各式各样的鲜花。每日，塞隆心情郁闷地躲在屋里，母亲则在花园里收拾鲜花，小姑娘偶尔会走出去，看着母亲忙碌的身影叹口气，母亲则回眸一笑，送给她明媚的笑脸。

塞隆喜欢芭蕾，但在几天前的一次训练中，她的膝盖跌在地板上，受到了严重的伤害。医生检查后无奈地告诉她："你改行做模特儿吧，芭蕾舞对脚尖的柔韧性要求太高了。"

医生婉转的话语是在提醒她：她可能要永远离开芭蕾这个舞台了。跳芭蕾的梦想一直没有开花，塞隆幼小的心灵受到了重创。

为了练习自己的脚部，她开始在院里的石板路上学习模特儿走步，她的身材娇小，体态优美，惹得庄园里的打工仔不停地张望，母亲也时而给予微笑。

塞隆在花丛中逡巡着，她发现一个惊人的秘密，居然所有的植物都有伤。她问母亲时，母亲淡淡地答道：所有的生物都一样，先受伤，然后再开花。

塞隆整个上午都在花丛里寻找不受伤的植物与花，好不容易找到了一株完整无瑕的水仙花，她大叫着说这株太可爱了，没有受伤。母亲走了过来，将水仙的一株枝叶扯了下来，扔在土壤里，塞隆不解地哭了："好好的花，你为何扯掉她的叶子。"

母亲语重心长地说："这叶子是没用的，必须扯掉，否则会影响主干的生长，如果它不受伤，就不可能开出美丽的花来。"

先受伤，然后才能够开花，小姑娘塞隆顿悟。半个月后，她参加了附近的模特儿训练班，但模特儿行业也没有做多久，因为她的旧伤复发。15岁那年，因为家庭变故，她与母亲一起来到了欧洲，由于无所事事，她与母亲一年后来到了美国的电影之都洛杉矶，在这里，塞隆寻求踏入电影行业的突破点。

在洛杉矶，她的主要时间是做模特儿，业余时间给饭店打工，以赚得养家糊口的费用。母亲则给一家超市当理货员，二人经常入不敷出。

转机发生在她18岁时。塞隆在大街上行走时，一个经纪人正在寻找一部电影的配角，误打误撞地，经纪人发现了塞隆。商谈之下，竟然一拍即合，经纪人成了她的伯乐，引领她进入电影行业。她出演了第一部电影《芝加哥打鬼3》，一举成名。她有妖娆、妩媚的身姿、出类拔萃的表演、回眸一望百媚生的笑容，令导演和观众痴迷。电影上映后，最佳新人奖非她莫属，许多人称赞她是"一个天才的演员"。

在之后的许多年里，塞隆的演艺事业有过不愉快和失落，曾经因为与导演的矛盾被封杀多年，但她依然挺了过来，以迷人的笑容始终占据着好莱坞的舞台，俘获着影迷们的心。她的粉丝遍布全世界，尤其在中国，无数人崇拜她的才华与美丽。

2012年，一部叫《白雪公主与猎人》的贺岁片风靡全球，查理兹·塞隆美丽演绎着属于自己和世界的爱情童话，她的表演让人充满了对美丽的渴望，她是童话中才有的仙子，没有人能遮挡她的光芒。

这世上没有人可以顺风顺水地走完自己的人生，既然挫折在所难免，何不笑迎而非冷对，何不挑战而非躲避。

先受伤，然后再开花，这就是我们的人生路。

枯萎也是花的权利

1966年12月，苏联列宁格勒市第一中学，16岁的高一学生弗拉基米尔连续在本学期4次考试中名列前茅，他喜不自禁，决心到期末考试时摘取年度最佳学习奖。

年轻的心是浮躁的，禁不起鲜花与掌声。在荣誉声中，弗拉基米尔有些忘乎所以，他开始关注自身的商业价值，因为他出生于商业世家。他接连参加了几个同学的生日宴会后，对校门口的那些商品房充满了兴趣，在同学们的怂恿下，他成为校门口一家餐馆的代言人。一时间，他成了校园里的风云人物。

对于出席这样的活动，在苏联的中学是允许的，但这必定会影响学习，国语老师卡基有一天将他叫进了办公室，他的讲话语重心长："我知道你有商业方面的天分，但你现在应该将重点放在学习上，如果没有好的学习基础，就无法掌控你的未来，哪怕你是个天才。"

弗拉基米尔不以为然，依然进行着自己的事业。他是个交际奇才，在学校里笼络了许多校友，他还组织多种论坛，成立了与前苏联体制不同的学员党派。但这一切，直接影响了他的学习和将来的前途，等到阶段测试成绩下来后，他才如梦方醒，开始放下原来的骄纵姿态，重新回归原点，却发现已经追赶不上了。

弗拉基米尔夜以继日地学习，解散了社团，取消了夜晚的活动。但在期末考试中，他由于过分紧张，在第二场考试时病倒在教室里。

弗拉基米尔醒来时，痛哭流涕，他认为自己失利的主要原因就是：不可一世，忘记自己的位置。

弗拉基米尔经此打击，竟然一蹶不振，原来外向的他现在整日里沉默寡言。

卡基邀请弗拉基米尔和他一起去郊外。

正是寒冬时节，郊外一片萧索，无数的花已经枯萎了。

卡基突然问：这些花为什么会枯萎？

弗拉基米尔看了看，不知道如何回答老师的问题。

枯萎也是花的权利，因为枯萎也是花的生活，失败也是人的权利，失败紧紧与人的生命联系在一起。可怕的是，失败之后永远站不起来，或者是永远站在原地踏步。没有一朵花不向往春天，没有一个人不向往胜利。卡基老师的讲话意味深长。

这个叫弗拉基米尔·弗拉基米罗维奇·普京的孩子注定成就属于自己的人生传奇。他30岁步入俄罗斯政坛，成为出色的演讲家与实干家。他于1998年开始成为俄罗斯总统叶利钦的办公厅秘书，在秘书岗位上，他的才能展现得淋漓尽致，政治前途一片光明。

在接下来的岁月里，他接任俄罗斯联邦安全局局长。俄罗斯政坛动荡，连续换的三任总理，均成为"短命鬼"，叶利钦慧眼独具地任命普京为新一届总理。1999年，他在总理岗位上工作半年时间，便因工作出色而一举成为俄罗斯的代总统。

2000年的政治选举注定成为俄罗斯历史上的光辉一页。普京顺理成章地当选为俄罗斯总统，2005年，他成功连任，长期雷厉风行、嫉恶如仇的工作作风使他成为俄罗斯人民心中的偶像，更成为俄罗斯年轻女孩子心目中的爱慕对象。2008年底，一首《嫁人就嫁普京这样的男人》的歌曲疯传于网络，普京简直成了俄罗斯全民的偶像与情人。2009年，他出任俄罗斯总理，静静等着重新绽放的那一天。

2012年，俄罗斯大选，他实至名归地以64%的得票率重新回到克里姆林宫，成为俄罗斯的新一届总统，他的任期是6年。当成功到来之时，普京少有地眼泪横流，他向支持自己的选民们招手致意，深深鞠躬。

枯萎也是花朵生命中的一部分。那么，失败也就是人生命中的必要组成部分。重要的是，要正视这种事实，然后让生命的种子在寒冬里潜滋暗长，怒放出又一个姹紫嫣红的春天。

天暗下来，你就是光

20岁的她，是众人眼里的天之娇女，家境优越，毕业于名牌大学，知识丰富，穿着光鲜，是各大企业争邀的对象，光是录用通知书就扔了一桌子。

她应该是个没有烦恼的人，但没有人知道春天也有自己的叹息。

她渴望自己创业，却问天无路，这与她年少的梦想格格不入。在几次投资失败后，她一度跌倒在失败的阴影里。她接受了一家大公司的录用通知，在那儿她默默无闻地工作着。

这不符合她的人生目标，她一度郁郁寡欢，她觉得自己太渺小了，如沧海一粟，毫无生机。

在午夜的街头，她毫无目标地奔跑，直至将自己置于一个孤僻的角落里，那儿没有光亮，没有人能够窥见一个少女的梦想。

　　周围毫无灯光，她有些恐惧，摸黑向前方赶路，却发现脚下尽是泥泞。她站在原地等候，看看是否会有人帮助自己，但周围除了风以外什么都没有。

　　她试图让自己走出黑暗，接近城市，却没有成功。脚下根本没有可以走的路，她只好蹚着水与泥走路，她丢了鞋子，扯了衣襟，她疲惫不堪，好想找个温暖的港湾歇脚。

　　她又想着有路人偶遇也好，可以指引她走出这片泥泞，他或许手里会提着一盏灯笼，照亮自己回家的路。

　　蓦地，远方有行人的脚步声，她喜出望外。回头看时，却心存疑虑，恐怕是坏人。是两个人的脚步声接近了自己，他们的目标十分明显，就是自己的方向。

　　她恐惧地跑了起来，不管前路如何艰难，都不敢回头。后面的两个人也加快了脚步，他们一直在跟随着她奔跑，她终于停留在一个小巷里大哭起来。

　　就在她停留的刹那间，那两个人成功地来到她的身边。

　　她无助地叫着："不要伤害我，我不是坏人。"

　　却是两个老农的声音："我们循着光走路的，你身上有光，我们以为是灯光。"

　　我身上有光吗？女孩子想不到自己竟然会成为别人眼里的光亮。

　　"在你的身后呢。"其中一位老农说道。

　　她瞬间明白了，这是一颗夜明珠散发的轻微光亮，对于夜行的人来说，哪怕是一点儿光亮，也会为自己带来一线生机。

女孩子突然间领悟到这样一个真理：天暗下来，你就是光。

在这束黯淡光环的指引下，他们三人曲折地找到了回家的路。老农向她表示感谢时，她却泣不成声，弯下身去，她要感谢老农，为她找回了自信。

这个叫玛丽莎·梅耶尔的女孩子从此改变了自己的理想，她不再苛求于自己创业，而是致力于高端管理研究。

她辗转在几家大型IT企业，努力地工作，将提升能力作为首要目标。她经常跌倒，经常哭鼻子，但她依然坚韧不拔，她相信自己就是光。

她33岁成功进入谷歌，成为谷歌的第一副总裁，仅用了两年时间，她令谷歌的员工和业界的精英们对自己刮目相看：她成功地开发了谷歌的搜索界面，将谷歌推广至一百多个国家，并在谷歌推出百余种电子产品；她在人工智能和界面领域推出多项专利技术；她被世人称为硅谷第一美女、谷歌最有权势的女人。

黑夜无时无刻不在侵蚀着地球与我们，我们经常会走夜路，会迷路和无助。我们为了寻找心中的那一盏明灯经常心力交瘁，可我们却不知晓：天暗下来时，我们已经成了别人眼里的光和亮，我们也可以成为岸边指挥千船万舰的灯塔。

天暗下来时，每个人都是光。

第一堂课教你如何犯错误

教你如何犯错误，听起来匪夷所思，让人不禁咂舌，这样的课程究竟是在育人还是在坑人？但毛逊教授却不这样认为，他提醒大家：给大家一次机会，只一次，在我的面前犯一个漂亮的错误。

犯错误谁不会，故意做错题，或者是踩了别人的脚，生命就是由错误组成的。

错误居然还有漂亮与丑陋之分，大家面面相觑，不置可否。

毛逊教授讲道："我的家乡在遥远的澳大利亚，这次来中国，我与我的太太离了婚，显然这是一个致命的错误，虽然我的家人支持我，但大家要知道，随便换妻子，可不是一件高尚的事情。我从来没有在公开场合告诉大家我所面临的困境，这可是一次青春性的错误呀！"

台下骚动起来，这样的错误谁不会说呀？

有同学煞有介事地站起来，嚷道："我想揍你，毛逊老师，这算不算错误。"

"也算，但也不算，揍我得有合适的理由，如果没有理由揍我，就算是错误。"

所有人的错误被公示在黑板上，毛逊教授极有品位地评论着每一个同学的错误。说到高兴处，他居然跳起了街舞。于是，几乎所有的同学都站了起来，跟着毛逊的节奏一起动起来。

毛逊突然间镇定自若地说道："为什么第一堂课让大家学会如何犯错误，犯错误也不是件轻巧的事情，无数件错事累积起来，才会形成正确的理论。如果一个人连犯错误的勇气都没有，恐怕他的一生不会成功。"

"勇敢地犯错误吧，尤其是第一次错误，极有纪念意义。富兰克林第一次犯错误在操场上，他点着了蓑草。"

台下掌声雷动，所有人站起来，为毛逊精彩的演讲而喝彩。从此以后，错误会竞相绽放，但纠正会愈演愈烈，总会有一天，正确的旗帜会插遍我们飞向目的地的沿途，那儿有一个永恒的目标，它叫成功。

你是开得迟的那朵花

小女孩儿跳舞时的表情让人忍俊不禁，她没有柔软的腰肢，动作机械，先天性的疾病让她从小便缺乏自信，同学们笑她"白痴"，我的心却像针扎了一般难受。

所有的孩子都是天使，但总有些天使让我们无法释怀。当初她母亲介绍她来时，校长说什么也不肯收留，小女孩儿走路有些歪斜，目光呆滞，她母亲介绍说："她自幼有病，体质差，但她好学，唱歌、跳舞都会。"

小女孩儿胆子倒是挺大的，在我这个陌生人面前，她惟妙惟肖地跳舞、唱歌，十分卖力，满头大汗。我请求校长，学校终于收留了她。

我相信天下所有的孩子都拥有智慧的翅膀，只是缺乏爱的引导罢了。

　　我与她母亲约法三章，我在学校里教，孩子要认真学，家长要在家里辅导。

　　可她母亲却失了约。后来才知道，她母亲不认识几个字。

　　我格外关注她，生怕她受到伤害。因此，我像只老母鸡一样护着她，而她总是木讷地坐在角落里。中午吃饭时，她会分外卖力地吃。她每次吃多的时候肚子就会疼，就蹲在角落里默默地流泪。有一次，她竟然忍受了一个下午不哭出声来。当我让她喝下胃药后，她才长长出了一口气，脸上绽放出难得的微笑。

　　她的成绩却是十分糟糕，总是最后一名。一些简单的试题，我教她数十遍仍然没有效果。同学们的嘲笑声此起彼伏，这个孩子的智商可能有问题。

　　我决定好好地与她母亲谈一次，我实在教不了她，为此，我已经失去了晋升的机会。

　　课间小女孩儿在抹眼泪，我调查后得知：有人骂了她，说她无能，是个废物。

　　我的心情十分郁闷，不知道如何安慰她。她站在我面前，努力半天才挤出一句话来："老师，我想退学了。"

　　我想维护她的尊严，却不知道用什么词汇来形容，我看到了漫天飞舞的风信子。我走进班级，对所有的学生说道："孩子们，你们每个人都是一朵花，有些花开得早，有些花却开得迟，无论早晚，都是一朵漂亮的花，都拥有同样的春天。"

　　话未说完，我已经潸然泪下。小女孩儿跑到我的面前，歪斜的身子踉踉跄跄，我本能地伸出手去，抱紧了她，我对她说：

"孩子，你是开得迟的那朵花。"

那件事情触动了大家的内心，家长会上，以前开过小女孩儿玩笑的孩子不约而同地向她道歉，家长们自觉地拉起了手，众星捧月般地将小女孩儿与其他孩子围在中间，欢快地跳舞。一团可爱的风信子沿着窗口游过来，整个教室一下子春暖花开。

每一个孩子都会开花，只是花期有早有晚，我们千万不要拔苗助长，更不要怨天尤人。我们要学会当春风，做春天，让孩子这朵风信子在自然中快乐地舞蹈，因为他们一笑，便感染了整个春天。

对号大一点儿，叉号小一点儿

我坐在办公桌前，以刚刚毕业的不可一世面对这帮"无可救药"的学生，我在卷子上拼命地发泄着对世事的无奈和对学生的怨怼。他们的考试成绩简直一塌糊涂，愧对我的谆谆教导与含辛茹苦，我将他们像过堂一样地挨个儿叫到办公室里数落他们，我坚信：用高压政策也可以改变一个学生的一生，因为我就是在这样的高压政策下挨过来的。

学生们个个低着头，在我的疾言厉色中，他们选择了沉默，我则像个封建式的家长，一边指桑骂槐，一边陈述自己的学习观点，然后将卷子摆在他们面前，恨不得让他们磕头谢罪。

课堂上，我依然坚持自己既定的方针不变，我告诉他们，如果谁再考不好，再让我的脸面无光，我就让他们品尝一下什么叫作爱的代价。

同年级四个班，我是成绩最糟糕班级的班主任。我上任时信誓旦旦，我在校长面前呈现了一个经典传奇式的述职报告，全场给了我经久不息的掌声，校长拍着我的肩膀告诉我："只要可以改变这种现实，你一定会成为全校的骄傲。"

才半个月时间，我便被他们的成绩吓怕了，一道简单的试题，在他们的眼里，简直成了高深莫测的"奥数"。在反复教导无果后，我采取了高压政策，留他们在班里上晚自习，我相信我的方法不会有任何问题，只有督促才有可能开窍。欣喜的是，家长们没有一个人来兴师问罪的，这更加使我肆无忌惮。

我习惯于考试，因为实战是提高学生能力的最佳方式，让他们痛点儿，受点伤，才能够体会到学业的艰辛。我采取的方式别具一格，凡是对的试题，我统统置之不理，这是他们应该做的；错的试题，我会以巨大的叉号作为警醒。

因此，在每次试题发下去以后，叉号占据了卷面的满版，这不仅仅是一种愤怒，更是我才气不得施展的抱怨。

那天上课，所有学生缄默不言，我挨个儿批评，好让他们顿悟。

一个小女生，身体颤抖地站在我的面前。我试图告诉她不要紧张，但她就是无法自已。我扭过头去，刚想离开时，却听到了她像蚊子一样的声音："老师，叉号打错了吧，究竟哪道题错了？"

我必须以严正的态度纠正她的错误行为，我站在她的面前，指着自己打的叉号解释着："这道题错了，就在这儿，你看不出来吗？"

"可是，你的叉号打到另外一道题上了。"

她稚嫩的声音如天籁，突然间触动了我的心，我仔细地端详着每一张卷子，每一道错题，毫无肯定，全是否定，毫无尊重，全是亵渎。

人生有时候就是在一念之间成熟的，我捧着卷纸，颤抖着双手，不知道如何形容自己尴尬的心情。在自己的眼里，所有学生们一无是处，我仔细检查时，甚至发现自己批错了题，将他们正确的答案打上了叉号。

在以后的生涯里，我不再因为自己的一时动怒去否定他们的优点，埋没他们的才华。在卷子上，我学会了打对号，打得大一点儿，错误的试题，我打的叉号尽可能地不超出错误的范围。我还会发脾气，但通常会选择尊重，而不是不论事理，孩子们心境纯洁，我为何要一直让天空狂风暴雨！

我坚持了两年时间，他们在小学毕业时，已经达到整个年级的中上游水平。我相信：送给孩子一束阳光，他们就会让知识的力量光芒万丈，让潜能的宝藏山高水长。

一盒饭，一辈子

少年低着头，装作老练地摆弄着面前的几件古董。古董是昨晚偷来的，少年是班里的惯偷，几任班主任老师想使他改掉劣迹，均以失败而告终。

少年得到了甜头儿，早已将尊严与面子置之度外，他变本加厉，我行我素。他想通过这样一种方式致富，让含辛茹苦的母亲度过余下的时光。

少年的口袋里并没有钱，仅剩下的钱被他昨晚成功得手后为自己压了惊而花掉了。他现在盼望有识货的人迅速将这些古董买走，以免夜长梦多。

问询的人倒是不少，大多是不懂行的人，问他这些古董出自哪朝，有何来历，等等。少年不置可否，搪塞多了，大家一笑置之，当他拿的全是赝品。

大街上不停地有警车驶过，少年的心乱成了一团。他生怕失窃人报案，这些名贵的古董一定会引起轩然大波。

少年口干舌燥，饥肠辘辘，他渴望有一瓶矿泉水或者一顿盛宴摆在自己面前。

几个流浪的年轻人接近了他，少年顿感事态不妙，果断地准备收拾行装起身时，他们包抄过来。

寻衅闹事罢了，少年感到自己突然间成了弱势群体，自己平日里嚣张惯了，这时候才发现，原来自己也需要保护。

那些人准备带走少年的东西，少年不依不饶，双方剑拔弩张。少年瞪大了眼睛，想象着自己已经成了某位伸张正义的江湖豪侠，但现实残酷得很，少年挨了打，吃了苦头儿。

一个高大的男人，戴着墨镜出现在少年面前，看得出来他似乎有些功夫，三下五除二，几个小子狼狈逃窜。少年刚想说感谢，那人却摘下了眼镜。

少年的脸通红，低下头去。为他解围的班主任老师从电动车的后座拿出一瓶矿泉水与一份盒饭递给他，然后拍了拍他的肩膀，笑着说道："小伙子，我等着在班里与你相见。"

少年当天晚上归还了偷来的所有古董。

少年第三日回到了学校。

少年用一辈子时间珍藏着那份感动与爱，那个高大的班主任老师，维护了他的尊严。

一瓶水，一盒饭，一辈子少年情怀。

每个人都有一次说脏话的机会

　　破旧的校园，矮矮的草房，形成了我童年粗犷的风景线。没有老师愿意在这儿教书，他们害怕这儿的穷山恶水吸走他们身上的艺术细胞。

　　一群群不争气的孩子，说着粗话，骂着娘，将自己的感受无所顾忌地在课堂上淋漓尽致地表现出来。看书不是重点，只是附带，玩耍才是生命的全部要义。如果一旦哪位老师敢向这儿的学生开战，便会立即遭到一场致命的打击，长期以来，校不像校，师不像师。

　　一个叫王一海的毕业生，唱着山歌，迈着方步走进我们山区。他个头儿高大，刚进来时宛如罗汉在世，震住了我们的不可一世。但孩子们的心早已经习惯了无所约束地畅所欲言，他们很快在班里展开了一场毫无规则的骂娘竞赛，数落这个老师的长与短，骂出他身上仅有的优点，优点会悄悄地变成缺点，在同学们的眸子里潇洒地绽放。

王一海不慌不忙，他好像十分熟悉这群学生的恶行，他没有怒吼，亦不会站在大家面前指点。他任凭事情错综复杂地发展，好像自己已经置身事外。

突然有一天，在繁忙的工作之余，他猛然踹开了教室的大门，大门轰然倒地，他脸上微醺的神态表明了一件事，"他要打人了！"有人喊了起来。

"不，我要骂人啦，并且，我要将骂人的文字写下来，大家不是喜欢骂吗？今天给大家一次说脏话的机会，记住，每个人，只能说一次脏话，要想好了，不要轻易吐出口来。"

这是我们第一次遭受如此大的刺激，有鼓励孩子说脏话的吗？并且要记录在册，他不会是在报复我们吧，他是想让我们学习不好，考试成绩一塌糊涂，然后他的内心便充满了高兴。

王一海带头在黑板上写下第一句脏话：混蛋，你们学习成绩不好还不知上进。

他写完后正视着大家，所有的学生脸上通红，没有人敢看他的眼睛，喝了酒的王一海怒不可遏，像狂风一般扫射着教室里所有的阴霾。

总有不服者。大胖子站起身来，在黑板上写下了自己的口头禅，他喜欢骂娘。

既然这是一项任务，大家便纷纷登上属于自己的舞台，粉墨登场的感觉真好。

黑板上密密麻麻地写满了脏话，没有人知道这些脏话会带来什么，更不知道这个奇怪的家伙如何收场。

王一海什么也不说，只顾低下头去记录每个同学的语言。最终写完了，他长出一口气，告诉大家："所有的脏话都已经记录在册了，我要告诉大家：'脏话虽然不好听，但也是一种语言，语言是一个人内心思想的反映，你内心洁净，说出去的话会锦心绣口；你内心污浊，你总会惦记一个人的恶处，不断地念着脏话要制服对方。大家想想吧，谁愿意自己的内心一潭污水？'"

每个人都有一次说脏话的机会，这也是每个人最后一次在公开场合说脏话的机会。在以后的岁月里，我们谨言慎行，不能在另外一个同学面前轻易吐露半点污言秽语，我们害怕伤害自己的灵魂，只有内心纯洁的人，才可以说出爱。

许多年过去了，我们大多走出了大山，但那次难忘的一幕却一直印在生命的最深处，没有责骂，不需责难，他反其道而行之，触及每个人的灵魂，让你从此不敢忘记恩师的谆谆教诲。

不是每个孩子，在公开场合，都有一次说脏话的机会。

如果青春没有青只有春

那是个容易犯错误却不敢犯的年龄。在女子中学，爱是这儿的大忌。十几个老太太每天虎视眈眈地受校长委托盯着老师与学生们的生活与学习，她们生怕有一点儿闪失，几个调皮的男孩子进来，这儿可是所有男孩子的禁地。

校长曾经在开学大会上誓师：受家长们的委托，要将这里办成一个清纯如雪的校园，这里只有知识，只有春天。从这里毕业后，保证每个学生都能够成为栋梁。

我们每天面对的理念便是不允许犯错误，做事情要想清楚，学习时要考虑后再下笔。我们展开学习竞赛，如火如荼的气氛使我喘不过气来，我总感觉这儿每天都是炎炎夏日，紧张的气氛让我少年老成。

我爱发脾气，曾经与两届班主任"顶牛"，母亲来领过我两次，两记耳光打响了心扉，震动了心海后，我收敛了万丈光芒，但内心里却有一种轻生的念头。

第三届班主任是教委的特意安排，竟然是一个人高马大的男孩子，据说刚刚从某名牌大学毕业。还听说校长老太太进行了一场心灵折磨后才同意了他的到来。他与校长签了约，不在学校任教期间谈恋爱，以免影响这里的和谐气氛。

第一堂课时，我才知晓他叫章海，他说青春也是无边无际的海洋。

他打破了原先沉闷的教学情绪，破天荒地以游戏的方式引导我们学习。一石激起千层浪，他高调地鼓励大家多想、多做，错了也没有关系，青春是避免不了犯错误的。

不仅如此，在烦闷的学习之余，他鼓励大家交流心得，说出自己的心事。他简直更像个心理学家，将大家心理上存在的疑惑以过来人的身份告诉大家。

班里有个女孩子，有口吃的毛病，前几任班主任害怕她影响正常授课，经常不提问她。而他知道后，竟然故意点她的名字，让她在众人面前出丑，家长过来找过他，却被他成功化解，校长与他理论，他据理力争。一年时间，竟然有这样的效果——口吃的女孩子居然练了一口标准的普通话。他以一周年的优异成绩将流言蜚语驳斥得体无完肤。

他是第一个随年级走的老师，他直接将我们从初二带到初三。

由于他的特立独行，也导致许多事情的发生。青春期的女孩子，其实最容易犯错误，比如说暗恋某个心仪的男生，比如说因郁闷的事情哭泣，对家长的干预表示不理解等。在他营造的宽松环境下，许多学生选择了释放，这一度导致班里情绪激昂。我们班学生成绩好得出奇，但逃学者也居多，而他总是一笑置之，不是过分地理睬，而是动之以情，晓之以理，他决不允许学校的高压政策在我们班里施用。

校长终于按捺不住了，在公众场合，她将章海数落得狗血淋头，说正是他的放纵使孩子们失去了自我。章海的脸憋得通红，等到校长的话语接近尾声时，他反驳道：如果青春没有青只有春，还叫青春吗？青春布满了迷茫，她们需要释放出来而不是欲盖弥彰，能盖得住吗？孩子们时间久了会憋坏的，她们会生病，会惆怅，到社会后会不知所措。

这是我迄今为止听到的最精彩的关于青春的演讲，我们深深知道他的行为会导致某种结局的发生。果不其然，他以自己的辞职结束了在这儿的职业生涯，据说他去了某个山区。

而当时受过他教育的一个班级的学生，永远地记住了他的谆谆教导。他们学会了思考，学会了生活，知道了每一个繁花似锦的青春都有一两个不可避免的错误等着他们。

弱也是你的特长

一个矮个子的女生，内敛地坐在教室最边缘的角落里，由于个头儿偏小，她不容易引起老师及同学们的注意，曾经很长一段时间，大家并不在意这个不爱说话的小女生。

语文、数学不是她的特长，只有到了少得可怜的绘画课时，她的双眼才绽放出光芒。她喜爱绘画，曾经在同学们面前说出自己的理想是当一名画家。她的话刚一出口，便被一阵嘲笑声淹没了，大家不相信这样的孩子有朝一日也可以出类拔萃。

软弱是大家对她的一致印象。有几个调皮的男生捉弄过她，她被吓得号啕大哭，那几个男生被她的反应惊得抱头鼠窜，以为自己闯了滔天大祸。

她的考试成绩，永远排在最后一名，她的座位也永远在最后一排。她的父母对她不寄予厚望，也不曾到学校与老师交流，这样加深了她的软弱。

新换的班主任周老师清点完学生人数后竟然在板凳下面发现了她。当时，她的画笔掉在地上。老师从她的抽屉里翻出一大摞绘画作品，这些作品让人眼前一亮。

周老师一次上课时问大家什么叫作特长？各自的特长是什么？

同学们说出了各自的抱负与理想，周老师带头为大家鼓掌，周老师是个喜欢为学生鼓掌的人。

她故意缩着自己的身体，但周老师还是按照名册点了她的名字。

她好半天才站起身来，没有说话脸先红，从鼻尖红遍脸庞。

"我没有特长。"她熬了好长时间后才说了一句话，好像一株海棠花，在月光下费力地开放。

周老师突然间问大家："弱是特长吗？"

同学们面面相觑，纷纷摇头道："不是吧，老师，刚强才是人的特长，软弱会失去信念的。"

"不，我不这样认为，弱也是人的特长，弱是内敛，是另外一种刚强。外表软弱的人内心强大，他们可以做许多种表面刚强的人不能够从事的行业，比如说作家、画家；软弱的人内心敏感，容易对万事万物产生遐想。弱也是特长，只要运用得当，也可以变成才华。"周老师说话时像一个哲学家。

这是她平生听到的最美丽的表扬了，弱也是一个人的特长，另类、独具匠心。

就是这几句温馨的话语，改变了一个孩子的一生。从此以后她在老师的鼓励下，用软弱的手握起画笔，画出了精彩纷呈、五彩缤纷的人生。高考那年，她顺利地考取了艺术类院校。由于平时刻苦，加上天赋，随着时间的流逝，她的作品反映了人生的悲欢离合，她成了鼎鼎有名的大画家。

现在的她，楚楚动人，温文尔雅，从来不动怒，大家问她成功的诀窍时，她笑着回答："软弱不完全是缺点，也是一个人的长处。外表软弱的人，通常内心强大，有理想，是周老师让我意识到了这一点，我十分感激他。"

弱并不是可欺，不是任人宰割，弱也是另外一种刚强。表面软弱的人，通常心灵深处积蓄着强大的力量。

弱也是一个人的特长，而不是缺憾。

下午五点

我一直不相信这世界上有不努力就可以投机取巧的成功，因此在整个高三，我经常通宵达旦地学习。我和其他学子一样，期待着厚积薄发。

高三的生活简直苦不堪言，如果说好像住在监狱里，一点儿也不过分，通常打饭也要小跑，害怕饭打迟了耽误自己的学习时间。

每一分钟都是宝贵的，精神与肉体上的折磨相伴而生，所以有专家说过：每个高三学生都有病。

虽然自己拼命学习，但还是没有进入大学的校门，只有补习的份儿了。那个戴着金丝眼镜的老师，像只狸猫一样闯入了我的视线。

他谈了自己的看法："高三的学生压力太大，所以需要劳逸结合，我提倡晚上熬夜学习，因为恶补是最有效的提高学习成绩的方式，但我建议大家，在忙碌的学习之余，一定要到操场上走几圈，锻炼一下身体。看蓝天白云，赏虫子花香，这些你看不到的快乐会让你的下一刻努力事半功倍。"

我们不屑一顾，高三本身就是用药做成的，你为何要生生地在药的外面加一层虚伪的糖衣？我们依旧不敢抬头看天望云，只是希望着早日苦尽甘来。

下午五点，正是学习效率的低谷期，"金丝镜"捧着足球闯入了教室里，问大家，谁愿意牺牲一个小时时间？

许多人蠢蠢欲动，几个好事的男生，本不想被高考挤压变形，便主动参加。

操场上，"金丝镜"毫无顾忌地兴奋着，几个男生在他的带动下踢得酣畅淋漓。

一个小时到了，吹哨散场。青春总是喜欢以锣声开道，以哨声结束。

次日下午五点，战况像电视剧一样未完待续。时间久了，我们都觉得"金丝镜"疯了，这不是在误人子弟吗？不是在浪费宝贵的青春吗？

他荒唐地执行着自己所谓的"休息定律"，不强制，可以自由，许多女生将疲惫的眼睛转向了操场，走路行动开始了。

在众人铿锵有力的脚步声中，我终于破例释放了一次自己。小鸟声不绝于耳，有梦在发丝飘过，三三两两的高一高二弟弟妹妹们，正在操场上叙写着我们昨天的轨迹，这样的风景，简直羡煞人呀。

在整个高三的八个班中，我们是特立独行者，"金丝镜"是头一个敢于向传统学习方式挑战的老师。他的主张在学校里褒贬不一，甚至有些家长过来为难他，逼着他写下军令状。他在学校组织的一次陈述会上表明了自己的观点：我不敢说这样做完全是对的，但一定对学生的身体有益，高三何必拘泥于呆板和死气沉沉，何必沉迷于中规中矩和一成不变，按照学生身体的规律来办事情是科学的，我不害怕被家长们赶向"断头台"。

这是我遇到的最快乐的高三，算不上痛苦，就像白开水一样的人生。高三也可以像运动员一样在操场上飞驰，我们可以有自己的时间，想学习时学习，想玩耍时玩耍，在每天学习最低谷时，在操场上释放自己的心情，我们也可以发觉：自己正处在花一样的青春年华里，我们仍然是这个世界的主角。

那一年的高考，我不敢说我们班排上了年级第一，但也算名列前茅。"金丝镜"以实际行动打破了传统的荒谬的学习论观点，但他却没有被尊崇。在这个多事之秋，没有人会尝试着以牺牲前途为代价。

再见面时，我已经是大一的学生了，回到母校的时候，"金丝镜"正准备带着孩子去野外游玩，我对他说道："下午五点，我们去操场上集合。"他挑着大指赞叹着："对，下午五点，每天下午五点，属于你们的自由时间。"

桂花巷31号

青年一直低着头向前走，报复的念头一直占据着心灵的主导。他择业失败，得不到社会承认，还受到了许多次侮辱，他手头拮据，想喝酒却左支右绌。

他终于将目光瞄向了这个豪华的建筑群。在建筑群的旁边，有一家书店，他佯装成看书人的模样，其实是为了踩点。他的目光始终没有离开桂花巷。

书店老板是个中年男人，十分殷勤地嘘寒问暖，问青年要什么书。

青年支支吾吾地搪塞着，他突然间问道："这儿有钱人真多，哪家最有钱呀？"

中年男子上下打量他，看得青年心里直发毛。他感觉失口了，好想收回刚才的话。

"你是做家教的吧？这儿的确缺少一名家教。桂花巷31号，有个女孩子有残疾，只能待在家里自己学习，这孩子的学习成绩不太好，你如果愿意，我可以引荐，他们家有的是钱。"

青年的心蓦然一动，他放下书，径直走近了桂花巷31号。

这栋别致的房子坐落在建筑群中间，显得与众不同，主人一定是非常有品味的人。"我可以以做家教为名义，实地勘察，可以趁机下手，他们家有钱，抢到钱以后，自己便人间蒸发掉，警察上哪儿抓去呀？"

想到这里，他喜上眉梢。

第二天上午，青年手里握着匕首，这是他唯一的武器，他推开了桂花巷31号虚掩的大门。

有个女孩儿正坐在窗下面看书，她十三岁左右，一副拐杖放在旁边。

青年握紧了武器。地形他已经看清楚了，来得早不如来得巧，旁边就是一条胡同，作案后，他可以直接从那里逃走。

这时传来女孩儿的说话声："您是家教老师吧，张叔叔早告诉我了，有人要过来做家教，请坐吧。"

面对一个手无缚鸡之力的少女，青年有些不忍，他将武器藏在口袋里，不好意思地坐在沙发上，女孩子拄着拐杖为他斟茶。

"我语文不好，作文老不及格，您来得正好，自我介绍一下吧，您是，哪个学校毕业的？"女孩子的笑容如满月。

"我是师范学院毕业的。"

青年终于开口，他感觉在一个女孩子面前说谎是在作践自己的人格，他继续说道："我的语文特别好，想做家教。"

厨房的门响了，青年跳起来，他的手重新攥住了匕首。一个妇人走了进来，是女孩儿的母亲。

双方谈起了价格，母亲要求青年每天来两个小时，每小时40元钱，青年欣喜若狂，差点忘了自己来的初衷。

接下来，青年似乎找到了感觉，他利用自己以前学到的知识滔滔不绝地讲解着如何写作文，说到高兴处，他甚至对女孩子介绍了自己以前投稿的经历，还说拿过市作文大赛一等奖。只是后来的事情，青年不敢讲下去了。

女孩儿的作文水平的确很差，讲了半天时间，她似乎没有听懂。青年耐心地讲解着，不时地拿起笔来，煞有介事地画步骤、讲方法，不知不觉间，两个小时过去了。

对方付了报酬，青年离开桂花巷31号时，看到了那个书店老板正站在店门口。青年冲着老板苦笑着。

青年第二天再来时，扔掉了匕首，他觉得应该再等等，时机尚不成熟，再观察一下地形和他们的人脉，以及逃生的具体方向。那个老板好像十分注意自己，这时候动手，无异于自投罗网。

青年为了应付第二天的讲解，无奈之下，翻出了自己以前发表过的文章，他整理成册。次日将文章拿给女孩子看。女孩子看得很仔细，她说："您真是好文采，为何不坚持下去呢？"

青年搔搔头，说道："我没出息，半途而废了，你可要坚持下去。"

青年来了一周时间后，不想再对这家人下手了。她们心地善良，特别是女孩子，用心在学，十分认真，她的母亲也是问长道短的，拿他当弟弟来照顾。

青年决定改邪归正，年轻人的心灵沉浮，没有固定的成熟的逻辑思维，很容易受周围气氛的影响而左右自己的行为。青年就是因为失业后，一度与混混住在一起，沾染了不良习气。

青年不辞而别，他下决心痛改前非，洗心革面，重新做人。

他拿着女孩儿家人给自己的工资开了家街边小书店，由于地理位置好，生意竟然极好，半年后，他的经营规模扩大了，他成了名副其实的老板。他经常想着桂花巷31号的母女，遗憾的是，他竟然不清楚她们的故事。

一个周日的下午，阳光伴随着春天的芳香搅闹着世间万物，青年请人帮忙照顾店。他买了礼品，兴冲冲地去了桂花巷31号。

书店换老板了，一个年轻人在照顾店面，青年径直推开了桂花巷31号的大门。

窗口下，传来了银铃般的笑声，一个女孩子正在欢快地跳着舞，她修长的腿，纤细的腰，旁边一个男子，正在她的旁边指点着。女孩儿的母亲，正在院子里面打拳。

男人看到了他，站起身来迎接，青年不知所措。

女孩子跑了过来："老师，您来了，对不起，我骗了您，其实，我的作文好得很，老拿班级第一名，还有，我不残疾，是我爸教我这么做的。"

女孩儿的父亲站在阳光下，笑着说道："当时我就发现你不对劲儿，于是，我设计骗了你，没有恶意呀，我就是想将你引入正途，事实证明，我的想法是正确的，你只是一时想不开而已。"

青年突然间脸如红云，半天后泪如雨下："叔叔，我差点儿害了你们全家，我的怀里当时藏着匕首。"

旁边的母亲说话了："知道，没事的，你知道我是做什么工作的吗？我是市跆拳道队的总教练。"

桂花巷31号，洋溢着爱的温暖与阳光。

青年是含着感恩的心离开的，他会用一辈子时间记下他们一家人，是他们精心设计了一份爱的谎言，用一份关爱，挽救了一个青年。

折磨是曲折加磨砺

　　一个年仅18岁的孩子鲁哈尼，被一帮大兵们以叛逆罪关押起来。他手无缚鸡之力，根本不知自己犯了什么罪，大兵们为了交差，办理收押手续后，便将他塞进了一个暗无天日的监牢里。

　　鲁哈尼浑身是伤，由于反抗，他遭受了凌辱与殴打，他的左腿有些骨折，走起路来，骨头发出的声音、肉体上的疼痛倒是可以忍受，但是没有阳光、失去绿色的环境，让他的处境雪上加霜。他开始发疯，用脑袋撞墙，但等到黑暗完全降临，他借着残余的光亮能够分辨清楚环境时，他才知晓：自己被关押的监牢十分狭窄，只够自己半躺下来。

　　1964年的伊朗，各种政治力量角逐争斗，使得老百姓生活在水深火热之中。鲁哈尼被囚的监牢位于塞姆南省索尔赫市，这是他的家乡，他的父亲母亲是农民，自幼家贫的他有强烈的政治抱负，他想拯救万民于水火，想通过自己的努力涉足政坛，从而改变伊朗的面貌，但等待他的，却是长达5年之久的监牢生活。

用摧残与折磨来形容他的处境，一点儿也不过分。

一天一顿饭，有时候还会中断几天。他为了生存，靠土壤充饥；为了睡觉，不得不蜷缩着身子；为了冬天暖和些，不得不将墙掏个洞，将墙里的稻草取出来，垫在身体下面；为了得到足够的空间，他用双手将墙硬生生地挖了一米多。

他终日在寻找阳光，这一幕场景终于在一个午后实现了：他成功地将外墙掏出了一个洞，一道阳光钻破阴霾。为了掩人耳目，他只能在固定的时间享用这束难得的光亮，其余时间，看守在时，他只能用身体挡住阳光，老实巴交地装聋作哑。

5年后的一天，政局突变，他被释放出狱。他毫无血色，面黄肌瘦，头发全白。他用了半年时间保养自己，在家人的帮助下，他成功地冲过了生死线。

他开始涉足政治，但并非一路平坦、顺风顺水，他一直是个政治上的小角色，从未扮演过主角，在做配角的生涯里，他一路跌跌撞撞。

45岁那年，噩梦重新降临：由于参与了一场政治斗争，他第二次入狱，并且与一帮狱霸们关在一起。反对派的目的十分明显，通过非人的折磨他，然后以一则死亡报告掩盖所有的事实。

伊朗的监狱乱象丛生，这里是权力与金钱交织成的一张网，没有钱，没有人脉，在这儿等同于鬼门关。

狱霸们按照命令，将他折磨得奄奄一息：他大小便失禁，身体成了垃圾场，伤口化脓出血，成了细菌的天堂。

　　等他的家人与同事将他救出牢狱时，他距离死亡只有一步之遥，虽然努力调养，但他的身体依然每况愈下。两枚弹片，深深地镶嵌在他的腹部，从此与他相伴终生。

　　折磨没有使他丧失政治信仰，他出狱后，重新加入到伊朗的大选与政治生活中，一路遭受摔打与死亡的威胁。直至2013年的6月，伊朗进行总统大选，这个叫鲁哈尼的政坛奇人异军突起，一路过关斩将，最终成为伊朗新一届总统。

　　他的一生充满传奇色彩，几度生死攸关，铸就了他铁一样的品质与毅力。在演说中，他这样讲道："在伊朗，没有哪个人像我这样有如此多的磨难，有人说折磨会让人丧失勇气与尊严，而我要说，折磨是一笔财富，它使我兴奋，使我抗争，使我赢得了大选。"

　　是的，折磨不是折翅，不是休克，而是曲折加磨砺，它锻炼了人的品质，让人像钢一样坚，像铁一样韧，它是一种投资后的收获，一种利润，更是送给人生这幕大戏的经典传奇。

试用期是人生的卷首语

14岁的小姑娘拉皮科娃酷爱模特行业，她占尽了成为名模的先机，身材匀称，天生一张娃娃脸，风情万种。

但进入模特行业并非想象中的一帆风顺，莫斯科是美的天堂，莫斯科模特学院更是培养模特的摇篮，许多世界级名模都从这儿诞生。

用了两年时间，拉皮科娃才获得了一张"入场券"，但却是试用的，学院校长郑重地告诉她："你需要努力，6个月时间是试用期，只有试用合格，才有可能成为学院的一名正式学生。"

模特学院要求苛刻，每天休息时间近乎没有，晚上需要练习到深夜方可睡觉。16岁的拉皮科娃坚持了一周时间，便累得晕倒了，身体也虚弱得要命，她面临着两种选择：要么离开学院，要么坚持训练。

拉皮科娃选择了后者，在训练场上，出现了一个打着点滴练习的小姑娘。

教练对她也刮目相看，主教练乔伊斯十分关心她，亲自跑过来帮助小姑娘拎着输液瓶子。

拉皮科娃很珍惜这个难得的机会，在试用期中，她严格要求自己，每天她最早进场，却是最晚离开。

严酷的训练带来了成绩的飞跃，她的一颦一笑更是魅力万千，一个眼神便可以迷倒观众。

半年后，她顺利地成为模特学院的一名正式学员，踏上崭新的征程。

毕业后，她成为俄罗斯的名模。模特事业做大做强后，她开始将自己的方向转到摄影行业。在接受媒体采访时，她表示：自己想成为普京总统的摄影师。

媒体当作一句戏言，而拉皮科娃却上了心，她利用业余时间练习摄影，学习摄影知识，在24岁那年，她出人意料地消失在众人的视野中。

媒体再次捕捉到她的信息已经是半年之后了。2012年10月，拉皮科娃有幸成为普京总统的御用摄影师，不过却是见习的，也就是说，她又获得了一次难得的试用期。

网上出现了许多关于普京总统的珍贵照片：总统滑雪、总统与老虎、总统开战斗机等。这一系列照片均出自美女模特拉皮科娃之手。

在克里姆林宫，拉皮科娃算不上风云人物，每天一早上班，她需要摆弄好自己的摄影设备，等候总统办公室的通知，业余时间里，她研究关于总统的书籍与个人爱好，以便应急。

由于摄影技术娴熟，加上生就一张美丽的面孔，网友们将拉皮科娃戏称为"普京宝贝"。

2013年初，俄罗斯总统办公室对外宣布：拉皮科娃经过试用后，已经转正。也就是说，她现在是名副其实的总统御用摄影师了。

媒体分析拉皮科娃的成功，是因为她抓住了人生的试用期。而她在自己的一篇文章中这样写道："试用期至关重要，是你迈向成功之路的第一步，试用期并不是一篇简明扼要的散文，而是你人生的第一篇卷首语，你要刻意经营，迈好每一步路，也许会跌倒，但你要做的是爬起来，因为更好看的文章在前方。"

如果一名司机有了梦想

一个18岁的男孩子马杜罗，刚刚从辍学的阴影中走出来，他想谋一份差事，以减轻繁重的家庭负担。但委内瑞拉刚刚从一场金融危机中苏醒过来，在首都加拉加斯，数以万计的失业工人将政府机关围了个水泄不通，他们渴望粮食与工作机会。

在马杜罗父亲的努力下，他有幸到公交公司任职，这算得上是一份不错的工作。

1983年的委内瑞拉，经济停滞不前，商业店铺门可罗雀，街上盗贼横行，光天化日之下会发生各种各样离奇的抢劫事件。

马杜罗辍学之前，考取了驾照，这成为他可以就业的一项硬性指标。

马杜罗驾驶的车是唯一通向郊外的公交车，车上售票的是一个涉世不深的年轻女孩子，由于抢劫事件频繁发生，身体强壮的马杜罗成了司机兼保镖。

一周过后，马杜罗便厌倦了这份差事，公交难开，随时会有危险，加上失业的人经常失去理智，会在公交车上生事，这一度成为马杜罗恼怒的主要原因。常常发生的情况是：他猛踩刹车，转回身去，和正在调戏女孩子的暴徒们理论，有时候甚至大打出手。开始时马杜罗老是吃亏，时间久了，他总结了一套可以惩治暴徒的方法。

如果不开车，他将会失去一份收入可观的工作，而他的父亲，会因此难过。母亲的劝慰让他无言以对，他硬着头皮重新上岗。由于人聪明，3个月后，他的公交车竟然被市电视台评为最安全的公交车，一时间，市民们争相去坐他的公交车。

他的83路公交专线，每天早上都会路过市政大楼，宽敞明亮的办公环境成了马杜罗的渴望，他从小有着与众不同的政治梦想，能够进入市政大厅参观，成了他最大的梦想。

由于平日里得罪了一些混混，有两个团伙围住了马杜罗的公交车，将他拉下车，企图对他进行暴打，全车的人也成了暴徒发泄的对象。

马杜罗临危不乱，与团伙的头领协商，要求放了所有的乘客，而自己愿意接受他们的惩罚。

马杜罗被绑架了3天，他的义举救了全车的乘客。3天后，警察们在魔窟中将他救出。他凭借自己的智慧，也救了魔窟里其他3个被绑架的男人。

一时间，他成了救人英雄，不久，便被评选为公交系统的工会会员。1985年底，19岁的马杜罗名正言顺地进入市政大厅开会发言，他的发言引起了当时总统卢辛奇的高度重视。1986年，年仅20岁的马杜罗成为委内瑞拉历史上最年轻的政府议员。

一名司机的梦想刚刚开始。1999年，马杜罗参与起草《宪法》。次年，他被总统查韦斯慧眼识中，成为政府的民政部长。2012年，查韦斯重新当选总统后，马杜罗凭借得天独厚的外交才能成为委内瑞拉副总统兼任外交部长。

查韦斯病逝后，马杜罗成为代总统，并在总统大选中，击败了竞争对手，当仁不让地成为委内瑞拉的新一届总统。

总统原本是一名普通的司机，但与众不同的是，如果一名司机有了梦想，他便会沿着这个梦想执着地走下去，哪怕跌倒了、摔疼了也在所不惜。

做一个摔不烂的美丽花瓶

霍尔特出生在英国，长得阳光帅气，从小便是众人眼中的宠儿。外表俊朗的他在学校时便是众多女孩追逐的对象，哪个女生不喜欢阳光帅气的男孩子？

他有一个外号——"花瓶"，这源于他的英俊外表下那颗脆弱的心。

他曾经凭借精绝的演技在学校的舞台上崭露头角。那是学校年末的文艺晚会，他表演了一出独幕剧《天鹅》，在剧中，他一人饰演男孩儿、女孩儿和天鹅三个角色，举止落落大方，表演精湛，毫无破绽。前来观摩的伦敦市的一些专业演员也看花了眼。

但在次年，伦敦市舞台艺术中心的领导让他饰演一个男主人公，他却演得十分糟糕，完全失去了原有的风格，不伦不类。

就这样，他成了一个易碎的花瓶，原来的情绪消失殆尽，一脸的落寞。

其实，他失败的原因十分简单：他不是专业演员，不具备专业的水准，再加上根本没有将这次演出放在心上，失败是眼高手低的代价而已。

18岁那年，又一个机遇不期而至。时装界的大师汤姆·福特意外地发现了霍尔特英俊的外表，觉得他十分适合服装才艺表演，于是，他便被放到了镁光灯下。

他的确才貌非凡，演男生时，英雄本色；演女生时，娉娉婷婷……

他20岁那年，一部叫《温暖的尸体》的影片，在全球招募配角，这个配角是躲在树枝背后的叶子。全剧没有一句对白，不给人正脸，只能靠眼神的交流与嘴角的咕噜声音来展现可怕外表下的温情脉脉。

许多演员嫌弃这样的角色，霍尔特却接受了剧组的邀请。

他不需要对白，需要用肢体来表现所有的爱恨情愁。剧中还有一些高难度的杂技动作，霍尔特不敢怠慢。在3个月的准备时间里，拜杂技演员为师，苦练基本功。他曾经从高空摔下来，幸好没有造成重大伤害。

霍尔特只是一个蹩脚的小演员罢了，想在繁花似锦的好莱坞获得一席之地，绝非易事，他只有一点一滴地努力，靠不当花瓶的底气与信念。他坚信：走一步不是路，走多了才会形成自己的风格。

一部戏拍完，另一部戏接踵而至。《巨人捕手杰克》也在

2012年开拍，霍尔特头一次演一位武侠英雄。对于动作片，他从未接触过，这部影片投资2亿美元，霍尔特担心自己演不好，心有余悸。但他深知：最好的演员就是不停地将自己的好作品呈现在观众面前。

2013年初，霍尔特有两部影片在全球公演，《温暖的尸体》从1月初便占据了全球电影排行榜的榜首，《巨人捕手杰克》率先在中国上映，大家一睹了霍尔特的真实风采，他阳刚、养眼，简直就是众人眼中的天之骄子。

从英伦走出的明星不计其数，但许多人成了流星，而霍尔特却发誓走一条新路，不重蹈他们的覆辙，在他看来，要想不被时代淘汰，就是要有坚定的信念和谦虚的心态。

在1000年前古老的英联邦，有一个花瓶老人，他制作了许多花瓶，但他的花瓶易碎，许多人指责他，国王派人抓住了他和他的部落人，要求他制作不怕摔的花瓶。老人苦悟多年，终于制作了世界上第一个有弹性的瓶子，他不仅拯救了自己，也拯救了整个部落。

霍尔特，就是一个不怕摔的美丽花瓶，他富有韧性与弹性，泪摧不垮，炮轰不趴。

把每天的游戏玩到最精彩

他出生在一个富商家庭，从小丰衣足食，无所事事，是典型的纨绔子弟。母亲对他娇生惯养，他的童年一帆风顺。在学校里，他带领一帮小混混殴打学长，在生活中，他成了小混混的首领。

自从家中有电脑后，他便疯狂地爱上了各式各样的游戏。这一点，正是父亲所不能容忍的。因此，在做生意之余，开始关注他的学习，命令他从此以后不准接触游戏，否则便打断他的腿。

他叛逆的心理极强，家中不允许，他便趁着课余时间，疯狂地在游戏厅中释放自己苦闷的心情。他曾经连续三天三夜不合眼，直到他知道母亲有病的消息时才罢手。

母亲因病去世，父亲为他找了一个继母，他猜测自己锦衣玉食的生活马上就会结束。在家中，他对她冷漠，尽管她对他关怀备至。

在游戏厅中，父亲与继母把他逮个正着，父亲想给他一巴掌，却被继母拦住了。在她的劝说下，他与父亲打赌，说自己可以制作游戏，并且保证这种游戏可以取得极大的成功。

父亲骂他不可一世，拖着他像拖死狗一样将他拖回家并锁在房间里，不准他外出。

是继母改变了他的人生轨迹，她说服了父亲，让他可以接触游戏，但她提出一个要求：把每天的游戏玩到最精彩。她为他确定了分阶段的要求：一个月时间，制作一款游戏雏形；半年时间，使这款游戏在网上得到响应；一年时间，使游戏点击量超过10万。

这正好符合他的口味，他甚至有些感激继母的大度，接下来，他每天更多的时间便是与玩伴们一起攻克难关，制作一款自认为天下无敌的游戏。

每天深夜，继母像个老师一样，检查他当天的进度。每每他表现不足时，她总是以哀叹声来表达不满，不当面批评，更不会跑到父亲那儿告他的黑状。这简直成了一种鞭策与激励，如果当天不取得进展，他就会感到丢了魂一样。他总会废寝忘食地加班加点。

困难接踵而至，在游戏制作的关键时刻，他的玩伴，一位重要的软件制作人员，不幸患了重病，这无异于晴天霹雳，根据自己的实力，无论如何也无法如期在年底完成这款游戏的制作任务。

他为此哭泣过、放弃过，但继母每晚的检查成了一种动力，让他不敢懈怠。她只是例行公事般地走到他的电脑面前，煞有介事地听他介绍当天的成绩，当他讲到玩伴突然生病时，她拍拍他的肩膀说道："没事的，明天是晴天。"

2004年底，一款叫《祖玛》的游戏在网上推出，几乎在一夜之间，风靡全球，一周的点击量居然超过了100万人次，下载的次数也达到50万次之多，创造了美国游戏史上之最。

一时间，大家记住了一个叫大维的大男孩，他所成立的popcap游戏公司也一举成名，半年时间，便名列全球游戏排行榜的首位。

许多人认为大维的成功来源于侥幸：偶然事件中，出现了一个偶然的人，创造了一点儿偶然的成绩罢了。6年时间，大维的公司销声匿迹，再也没有创造出一款耳熟能详的游戏软件。

大维却用了6年的时间蛰机待伏。2010年，一款叫《植物大战僵尸》的游戏软件横空出世。这是游戏界的一场革命，不可思议的游戏，大人小孩儿都喜欢的游戏。好评如潮，这个叫大维的年轻人，实现了又一次飞跃，重新站在风口浪尖上，这一次，他成了名副其实的英雄。

不玩则已，玩了便要把每天的游戏玩到最精彩；不要沉浸在游戏的快乐中，要有对研究游戏的狂热心。这便是他成功的秘诀。

且败且战

1954年，瑞士首都的一所寄宿制小学，年仅11岁的小学生克里正在给远在柏林的母亲写信，他在信中哭诉了自己在这儿的孤独与失败经历，他十分渴望得到母亲的关爱与家庭的温暖。很快母亲回信了，母亲的信写得很长，意思是理解孩子的孤苦，但现实却没有办法，出于各种原因，克里无法回到柏林与家人待在一起。他们全家是从美国移民而来的，在战后的柏林，他们丝毫没有任何地位可言。加上柏林百废待兴，瑞士的学校也是全球最好的，能够得到这样一个受教育的机会，是难得的。

母亲在信中还告诉他："如果你觉得孤单，就多结交些朋友——不同种族、不同语言的朋友，让自己的生活充实起来，多参加学校组织的各类活动。"

克里还收到了母亲寄来的一本精致的日记本，他听从了母亲的教导，从此以后养成了记日记的习惯。他不让自己静下来，哪怕是到了晚上，他也会待在图书馆里，他总是最后一个回寝室的孩子。

他的性格孤僻，朋友没有交上几个，这让他十分苦恼。对于学校的各种活动，他却十分喜爱。瑞士没有饱受二战的苦难，因此这儿的小学教育十分系统，每周都会对固定的比赛项目进行公示，学生们可以选择自己喜欢的项目报名，并可以赢得丰厚的奖学金，锻炼个人能力。

克里的专长并不明显，他先是参加了歌唱比赛，结果却是最后一名。

接着，他又参加了演讲比赛，但他拙劣的口才让人大跌眼镜，由于无法熟练地使用英语，他只是用德语讲述了一部分，却惹得满堂哄笑。

他身材修长，运动该是他的强项，但他无论是在田径赛场，还是美国人钟爱的篮球赛场上，都毫无建树。

年末评选优秀时，他得了"全校各个项目最佳参与者"的绰号。

学生们背地里称他是个失败者，似乎一辈子也难以取得成功。

13岁那年，克里开始锻炼自己的口才，他参加过街头政治演讲，也帮助过议会人员拉选票、发传单，并且与一帮同学一起舌战尼泊尔议会。3年后，当他从学校毕业时，已经拥有雄辩天下的口才了。

　　1962年，在耶鲁大学，克里已经是一名大二的学生，他参加了学校组织的年末总演讲比赛，报名者无数。克里准备得十分充分，他纵论了德国政治与美国政治的区别，结果却因为内容敏感而被取消成绩。

　　由此他却偏爱上了政治，在他的日记本上这样记载自己的一系列的失败经历：失败太多了，反倒成了一种力量，且败且战吧。

　　1966年，克里成了一名美国海军，1968年，由于战绩卓越，他获得了自己人生中第一枚紫心勋章；1984年，他正式参与政治，代表马萨诸塞州成为国会议员。

　　2002年，他以民主党候选人的身份参加美国总统大选，却败给了布什。

　　2012年，连任的美国总统奥巴马任命年近七旬的克里为新任国务卿。

　　人生无处不失败，许多人将失败视为噩梦，因而裹足不前、原地踏步，而总有些智者，且败且战，在失利中总结经验，从而将自己的人生提到了新高度。

嘲笑也属于笑的一种

1961年8月4日他生于夏威夷州火奴鲁鲁，父亲生于肯尼亚一个牧民家庭，母亲生于堪萨斯州的威奇托。父亲的皮肤像沥青一样黑，母亲的皮肤却像牛奶一样白。

在他未满一周岁时，父亲便背叛了母亲，带着另外一个美貌的美国女人回到了非洲。当教师的母亲不久改嫁一位来自印度尼西亚的外国学生，并生下女儿玛雅。他6岁时，被母亲和继父带到印度尼西亚，在雅加达的天主教小学里上学。10岁时，他再遭打击——母亲与继父离婚，无家可归的他被送回夏威夷，与外祖父母住在一起。

他的整个童年与嘲讽和鄙夷联系在一起，他皮肤黝黑，同学瞧不起他的身世，他只好编织了一个动人的谎言，说自己的父亲是一个非洲国家的王子，从此同学们对他刮目相看。这个故事后来被戳穿了，因为他的生父被学校从非洲请来演讲，而他就坐在同学们中间，学校领导很快证实了演讲家与他的父子关系。一时间，风起云涌，鄙夷的眼神纷至沓来。

备感失落的他干脆选择了破罐子破摔，他背着外祖父与外祖母，在夏威夷海滩和街头游荡、逃学，甚至吸食大麻和可卡因。17岁那年，放荡不羁的他与一位美丽的女生坠入爱河，但他仍经常背着女友拈花惹草。高中毕业前的一个舞会上，他竟将已经交往了很久的女友甩掉，闪电般地与另一位只有15岁的白人女孩儿交往。可是没过多久，这个尚未成年的女孩儿也一样惨遭抛弃。

这件事情终于东窗事发，他被学校的领导点名批评，学校将他的劣迹张贴到校内公告栏，他臭名昭著，有人将他的名字用墨水染成了黑色，那些受过愚弄的学生们用嘲笑的目光迎接他。

他的自信心跌到了谷底，沉痛的打击使他抬不起头来，傍晚时分，外祖父在小河边发现了昏睡的他，将他拽回家中。

没有责骂，外祖父循循善诱，问他事情的缘由。他在外祖父的面前号啕大哭，说大家瞧不起自己，可恶的黑色皮肤伤害了他的自尊。

外祖父笑着说道："嘲笑好呀，也是笑的一种，有人对你笑，说明你有才能，他们嫉妒，这件事情看你怎么看了。奥巴马，你善辩，口才好，头脑灵活，这一点像你的父亲，如果再细心点儿，自信心足些，你一定会超越我与你的父亲，出人头地。"

外祖父的劝慰对奥巴马影响非常大，在他的自传中，他这样描述：自己仿佛找到了春天，原来找回自信的感觉如此美好。

　　奥巴马注定是与众不同的人。高中毕业后，他辗转进入了哈佛大学，并且考取了博士学位，之后的几年里，他参与了国会工作，并且于2005年宣誓就任联邦参议员，2008年美国大选，他当选为美国历史上第一位黑人总统，2012年11月7日，他成功击败罗姆尼，连任美国总统。

声音也是一种爱

　　加拿大渥太华市，年仅14岁的少年麦克在地铁站孤独地拉着小提琴。他自幼喜欢音乐，一只手却意外受伤，所以根本无法进入正规的音乐学校深造。他喜欢地铁站，因此他每天都去那儿排遣心中的郁闷。

　　麦克的曲风十分复杂，时而柔和，时而狂欢，他自己常常沉浸在如泣如诉的音乐声中不能自拔。有时候，想到自己可怜的身世与怀才不遇，禁不住热泪盈眶。

　　一个乞丐接近了他，他原来远离麦克的地盘儿，可能被声音所吸引，更大的原因是惺惺相惜。

　　更多的时间里，乞丐成了他唯一的听众。他不说褒贬，其实是将麦克当成了自己乞讨的招牌。顺理成章，由于音乐的帮助，乞丐竟然开了张，他兴奋地买了两个馒头，将一个塞进麦克的手里。

麦克出于可怜，并没有驱赶乞丐，当他接过那个脏兮兮的馒头时，他自己都不敢想象，他居然与乞丐成了好朋友。

每天与乞丐的约定，成了他的必修课。二人并不说话，只是默契地配合着，乞丐是为了得到物质，而麦克是为了排遣忧郁。

麦克的父亲得知此事后，劝告麦克换个地方，麦克却告诉父亲："乞丐是冲着我的音乐来的，如果没有音乐，我与他一样一文不值。"

半个月后，又多了一个乞丐。在地铁站地下通道里，形成了一道独特的风景线，十几个乞丐围着一个少年，少年旁若无人地表演，乞丐们静心聆听，时而会有人停下来，将钱扔在他们的面前。

"他是在帮助我们，本来我们讨不到钱，但他的音乐吸引了无数人。"

乞丐们的一句话，惊动了路人与媒体，报纸上刊登了一则消息：一个音乐少年，一年多以来，无私地帮助乞丐们乞讨。他的小提琴悠扬无比，宛如天籁。

一个瘦长的老者，就站在地铁口，他一直聆听着少年的音乐，听到动心处，禁不住鼓掌叫绝。

一周后，麦克走进了渥太华音乐学院，他的启蒙老师叫唐德，正是那位站在地铁口的老者。

唐德告诉麦克："声音能够表达爱，如果想打动人，你表演的音乐一定要有爱。"

每周去一次地铁站找寻灵感，仍然是麦克的必修课，他坚持了三年多时间。38岁那年，著名导演乔·舒马赫偶遇麦克，被他的音乐灵气所感染，尝试着将自己的电影《8毫米》交给他配乐，麦克一举成名，诡异奇绝、超越非凡是他的音乐风格。

2012年，李安的新片《少年派的奇幻旅行》在全球上映，电影的音乐独树一帜，原声音乐感情细腻丰富，演奏乐器的表现独树一帜，彰显了电影独特的个性魅力。

麦克·唐纳，世界著名的音乐大师，他有一句名言：最成功的声音，一定要表达爱。

没有道路通罗马

托德·库姆斯是纽约市中心小学的一名学生，按照他父母从小对他的要求，他的专业功课应该放在绘画上，因为他出生于绘画世家。但他好像对父母的安排不是太感兴趣，更喜欢去做一些投资方面的工作。

在学校，他偷偷地做投资贷款，这在学生阶段做这样的事是十分罕见的，他暗地里操作着一家小型的投资公司，收取学生们的贷款费用。

在绘画方面，他的确有天赋，他的作品十分吸引人。他一直是绘画老师眼中的天才，他们都说，以后他一定可以成为一位了不起的绘画大师。

但他前行的道路并非坦途，他的作品虽然在校园里引人注目，但是无法吸引大师们的关注，几次大奖都与他擦肩而过。

时间来到了他25岁那年，他在全美的绘画大赛中又一次失利，一怒之下他烧毁了自己全部的画作，并且发誓不再画画。他喝了许多酒，醉倒在柏油马路上。

他醒来时，发现自己的身边有一个面目和善的老头儿，见他醒来，笑着说道："你这小鬼，我早就注意你了，你在校园里的恶作剧我可全知道，我是一家贷款公司的负责人，要知道，我正在寻找一个投资方面的天才。"

"可我只是一个画画的人，不是什么投资方面的天才。"

"给你讲个故事吧，古时候，许多人慕名前往罗马，那儿是高手云集的地方，只要到达那儿，也就是到达了天堂。但去罗马的路太挤了，一个小伙子苦苦寻找了多年时间，仍然没有成功。一日，他路过一个十字路口，问一位老者：'这条路是通往罗马吗？'老者说：'不，通往佛罗伦萨，你去吗？'

年轻人说：'我是去罗马的，不去佛罗伦萨。'

老者却意外地说道：'没有道路通罗马，只有一条路去佛罗伦萨。'

年轻人后来想了想：'好吧，我去佛罗伦萨。'他后来到了佛罗伦萨后，意外地找到了自己失散多年的亲人，就住了下来，成家立业，安度晚年。"

库姆斯大悟："是呀，如果没有道路到达罗马，去佛罗伦萨也是情理之中的事情。"

这个叫库姆斯的年轻人，毅然放弃了自己苦练十多年的绘画，开始经营股票与投资，他摸爬滚打了十多年时间，终于成了一家小型基金公司的负责人。

　　但在2010年底，库姆斯却意外地成就了辉煌，股神巴菲特选中了他成为自己的接班人。

　　巴菲特选取他的理由是：他是个投资方面的天才，就像自己年轻时候一样。这也许是对他最高的褒奖。

　　人生的许多境遇其实就是：没有道路通罗马，我们该如何选择？也许另外一座城市也有不一样的精彩。

你是自己的爱人

在英国南方的小郡伯克，时间是1994年圣诞节前夕。小镇上的居民们都在制作圣诞礼物，他们将祝福留给自己最亲最爱的人，祈祷着世界和谐、幸福。

一个叫凯特的小女孩儿，正在为没有人送给她圣诞礼物而苦恼，她的父母均在外地，她则寄居在远房亲戚家里，她有一种寄人篱下的感觉。虽然她平时很乖巧，学会了适应别人给予自己的生活，但毕竟圣诞节马上就要到了。

她折了许多纸鹤，送给姨妈的儿子卡尔。他却将她的纸鹤扔在了风中，理由是不够精美。她握紧了拳头，好想送给他一记耳光，但她还是选择了忍耐。

圣诞假期的第一天，小女孩选择坐在马路边上看过往的人流与车流，直到卡尔表哥的声音传过来。他揪住她的头发，让她回家吃饭。吃完饭后，家里只剩下她一个人，因为表哥全家要去教堂。

凯特无所事事地一个人去大街上寻找节日的气氛，满街的烟花盈目，她忽然间感觉到一种无边无际的苍凉。她转了好几个弯儿，竟然看到了一座修道院。

一个修女正在扫地，她比自己大不了多少。她们同病相怜。凯特走过去，试图帮她的忙。

她们肩并肩坐在一起观看烟花，修女对她说道："你是第一个愿意帮助我的人，我没有亲人，唯一的亲戚马尔修女也在去年的圣诞节去世了。她临死前告诉我，要学会爱惜自己，即便世界上再没有人爱我，我还可以爱我自己，马尔修女说：'你是自己的爱人。'"

凯特觉得这是最好的圣诞礼物了，它犹如一句赞美诗，飘过铺满烟花的教堂屋顶，落在地上的，尽是鲜花、掌声和善良。

凯特·米德尔顿就是在这样的善念下结识了威廉王子，他们的爱情故事由此拉开了帷幕。2011年4月29日，全英国、全世界都送给他们最美丽的祝福与掌声，他们的婚礼就像他们的爱情一样，永远载入了史册。

一辈子成功一次

1939年的圣诞节，英国正遭受着德国的进攻，英国国王乔治六世为了鼓舞士气，在广播电台发表演讲，号召军民同心协力，共御外敌。乔治六世有些口吃，虽然几经矫正，但话语依然有些迟缓。他从来没有发表过讲话，但这一次讲话却似催心剂，强烈地刺激了英国国民的心，他们决心行动起来，共同将德国纳粹分子赶出伦敦。

一个年仅6岁的孩子，在战火纷飞中倾听着乔治六世的讲话，他听得如痴如醉，忘记了时间与空间。他也有着严重的口吃，听说过乔治六世国王为了矫正口吃而努力奋斗的事迹，他将国王当成了崇拜的英雄。

时间辗转至二战后，这个叫赛德勒的孩子，十分喜爱电影剧本创作，他一心想将乔治六世克服口吃的故事写成电影剧本。由于有着相似的经历，他写出来的剧本活灵活现，尤其对于口吃障碍的描写入木三分，当时一位年长的电影编剧看过初稿后，认为这绝对可以成为一个划时代的作品。

但祸端却不请自来。一场大火将剧本烧成了灰烬，年轻的赛德勒泣不成声。当时，他已经接到了一位导演的邀请，却最终因为剧本的被烧而流产。

他不得不凭借记忆重新编写剧本，但当剧本完成一半时，他却接到了一纸通知：乔治六世的遗孀拒绝他写关于乔治六世的故事，并且要求将剧本交给她。

这无异于晴天霹雳，已经花费大半辈子整理的剧本不得不面临胎死腹中的危险。他不停地找她交涉，但得到的答案却只有一个："不能写，除非我死以后。"

这一等，过去了28年。时间来到了2011年春天，一部叫《国王的演讲》的电影横空出世，这部修改了近50次的电影剧本震撼了整个影坛，它一举获得了2011年第83届奥斯卡金像奖最佳导演奖、最佳男主角奖两项大奖，大卫·赛德勒也凭借精巧的电影剧本获得了最佳编剧奖。

电影公映时，赛德勒老泪纵横，他说："我有些不知所措，这是有史以来第一次，我能发出声音，我的声音能够被人听到，对一个口吃患者来说，这一刻意味深长。"

赛德勒的成功与彼岸花有着惊人的相似。彼岸花一辈子只开一次花，但开花时，倾国倾城，其花色染红了整个安第斯山脉。赛德勒一辈子只成功一次，但他的成功，将他的人生推向了辉煌的顶峰。

　　这位74岁老人的一生也如一部戏，他是唯一的男主角，《国王的演讲》是他唯一的传奇。

为自己加油

2011年的法国网球公开赛，注定成为一段经典传奇。在女单比赛中，一直不被看好的中国运动员李娜一路过关斩将，杀入决赛，并且获得了自己运动生涯的首个大满贯赛事冠军，她也成为中国网球乃至亚洲网球第一人。

回首李娜的12年职业生涯路，其间的辛苦不言而喻。她经历过无数次的失败，一度有过离开网坛的想法。她已经29岁了，却一直征战在网球赛场上，难怪拿下冠军后欧美媒体惊呼：她改变了整个网坛的格局。

在夺得大满贯冠军后，新浪网对李娜进行了现场采访，在采访的整个过程中，给我印象最深的是李娜说过的一句话："李娜，加油。"

这句话最早应该始于2007年，上半年顺风顺水的李娜一度杀入了顶级赛事的四强，世界排名升至16位，她不仅是中国的"一姐"，也是亚洲的"一姐"。但下半年刚刚开始，噩梦开始了，她先是在一场比赛中受伤，接着，不得不接受残酷的手术，结果竟然是自己受伤的膝盖再也无法恢复到正常人的水平。半年多时间，没有人再记得这个曾经风光一时的"一姐"。

从那时起，李娜将自己雪藏起来，一直在养伤。她学会了为自己加油，在以后的每场比赛中，在闪烁的镁光灯前，大家都会听到李娜真诚地对自己的祝福与鼓励。

2011年法网决赛，李娜对阵意大利卫冕冠军斯齐亚沃尼，赛前没有人看好李娜，最多将她当成了一匹的黑马罢了。而主场作战的斯齐亚沃尼却是万众瞩目，在欧洲几万观众的呼声中，她更加耀眼。

比赛第一局一边倒，李娜更早地进入了状态，将斯齐亚沃尼杀得片甲不留，但进入第二局后，比赛出现了戏剧性的一幕，斯齐亚沃尼好像找到了巅峰状态，一度将比分扳平，将李娜逼入了死角。

那夜注定成为一个不眠之夜，中国将近一亿人观看了这场比赛，所有人的心都纠结在一起，替李娜担心。

李娜及时调整了战术，将比分迅速地扳至6平，将比赛带入了抢7。此时的罗兰加洛斯红色土地上，一个中国姑娘在大声怒吼着，每赢一个球，大家都能够看到李娜挥拳示意的动作，同时告诉自己"李娜，加油"。在抢7中，她冷静沉着，以一个无可争议的胜利为自己赢得了人生中第一个大满贯冠军，那一刻，世界为之沸腾。

　　许多人说网球赛场上充满了残酷性，没有教练在场指导，现场奋斗的只有你一人，心态的起伏、体能的逐渐丧失，都使得整场比赛充满了戏剧性。李娜说过："不是在与对手比赛，而是在与自己比赛。为自己加油，才是整场比赛的真正动力。"

　　人生不也是这样吗？

想到最坏，做到最好

1980年11月，丹麦哥本哈根大学准备在岁末年初时举办一场由学生组织的娱乐晚会。为此，学校进行了公选，最后确认由三个年级的两名学生任导演，其中一名总导演叫莫尔，另外一名学生叫莫滕森。

校方公布消息后，两名导演成了学生们的偶像。许多学生找到了他们，要求参加年末的娱乐晚会，两人对人选进行了认真的登记和选择，最后确定了参演名单。

对于晚会的举办地，莫尔和莫滕森出现了分歧。莫尔的意见是在操场上举办野外晚会，虽然天气寒冷，但可以搭成帐篷，这样不仅别具一格，而且可以使大家感受到一种野外的原汁原味。莫滕森不以为然，认为这是在哗众取宠，学校的大礼堂是历届举办晚会的必选地，他认为在操场上举办晚会有风险，因为哥本哈根冬季多风，如果出现大风天气如何处理？

莫尔认为他是在杞人忧天，他说道："我们是做娱乐工作的，至于天气原因，与我们没有多少关系，我相信观众和演员们不会有意见的。"

莫滕森接着反驳道："做事情，要想到最坏，做到最好，天气原因应该是必须考虑的。"

因为莫尔是总导演，他有决定权，所以整场晚会在征集校长意见后在操场上如火如荼地开始准备。

晚会果然出乎所有人的意料：参演人员认真，观众们也兴趣盎然，坐在帐篷里观看晚会，而且旁边燃着迷人的篝火，这果然是一种难得的享受。

晚会进行到一半时，突然间狂风大作，雪花飘舞着，莫尔觉得这更增加了晚会的兴致。但正高兴时，大风将一半以上的帐篷卷上了天空，紧接着，一簇篝火不小心滚到了旁边的草地上，小火卷成了大火，大火转眼间染红了半边天。

整场晚会以不快而告终，学校由此承担了巨额的消防费用，校长气得鼻子都歪了，认为莫尔百密一疏。

这个叫莫滕森的大二男生却由此一鸣惊人，因为在校长的办公室里，他曾经提及过此种隐患，却没有得到校方的重视。

这个叫莫滕森的男生，逐渐在学校里崭露头角。他疯狂地喜欢上了网球运动，在接下来的岁月里，他成了丹麦的国手，并且获得过多个世界冠军。

在每一次比赛前，他总是将结果想到最坏，并且做好多个备选方案，特别是在场上心态的变化，由于准备充分，他一直是一个心态十分稳定的选手。

2010年，已经"金盆洗手"多年的莫滕森重新出山，成为中国网球"一姐"李娜的新教练，用他自己的话来讲：他喜欢李娜的谨慎，这与自己的想法不谋而合。

双方虽然才合作了十几场球，但是找到了默契点。李娜称赞莫滕森教会自己如何面对失败以及如何在场上变被动为主动。李娜也不负众望，在新教练的精心指点下，迅速崛起为中国网坛第一人。在2011年法国网球公开赛上，她一路过关斩将，赢得了自己首个法网冠军。

凡事想到最坏，做到最好，是增加成功胜算的砝码。

不能成功就选择失败

1892年的一个夏天，德国柏林大学的一个实验室里，突然间发出一声惊天动地的巨响，教授与学生们迅速行动起来前去抢救，当人们到达现场时，在弥漫的硝烟中，一个二十多岁的年轻人捂着鼻子满脸是灰地仓皇逃离现场。

这个叫马尔德的年轻人被警方很快控制了，校长公示相关录像带，发现了马尔德违背科学做了一次非常危险的实验。

校长皮修十分恼怒，他对马尔德说道："我警告过你，这是天方夜谭，是永远不可能成功的，你如果再这样做，就会要了你的小命。"

警方将他关进警察局里，他面临着多项指控：故意毁坏、蓄意谋财、违背科学。

一年以后，他被释放出来后去寻找皮修校长，要求返还校园。皮修说道："你是个疯狂主义者，这种态度虽然十分适合科学实验，但你要知道，一切实验都要建立在科学的基础之上，而不能违背科学，我不能收留你，我不想让学校变成你我的坟墓。"

马尔德天生禀赋惊人，他对一些科学实验结果均持怀疑态度，他一直在研究物质原子理论，想通过实验验证自己的想法，可每次实验都以失败而告终。

没有了实验室，他自己造。很快，一个微型实验室在郊区建立了。他白天是乞丐，晚上便成了一个科学家。他省吃俭用地请了两个略微懂一些物理常识的助手，但助手听说他的实验流程后吓得夺门而逃，他们不想与一个疯子合作。

3月份的一天，又一声爆炸声，马尔德被送进柏林市最大的一家医院，他不得不接受整容，因为在爆炸中，他被炸得体无完肤。

半年后的一天，一个面容憔悴的年轻人挂着拐杖回到自己家。马尔德的父亲请来了两位物理学家，请求他们说服自己的儿子不要再做什么惊人的实验。

说服无果，马尔德是个狂热主义者，他深知一项理论的诞生总是充满了惊险与磨难，相信上帝会眷顾自己的。

为了这个原理，他奋斗了二十余年时间，丢掉了一切，包括爱情与幸福，但他的实验毫无进展。

1916年，爱因斯坦发明了广义相对论，震惊全世界。马尔德病痛交加，忍着剧痛进行了毕生最后一次实验，最终死在实验台上。

爱因斯坦听说这个消息后，前往探望马尔德的遗体。当他观察了马尔德的实验流程及结果时，爱因斯坦连声叹气："一个错误的方向延误了一个天才的一生。"

其实马尔德并不知道，爱因斯坦小时候是个狂热的小提琴爱好者，曾经参加了各种比赛，并且取得过不错的名次，可是在世界大赛上，他却一次次失利，在一次次聘请高师无果后，他毅然决然地放弃音乐事业，投身于物理学研究领域。

在人生的道路上，选择放弃多么艰难，既然你千方百计也无法成功，那就该选择放弃，硬撑着一个自己无力解决的事业，苦了自己，又害了别人。

烹制了一百年的茶

1993年3月，一个叫摩顿森的美国人正在挑战这个世界第二高峰——乔戈里峰，他想沿着巴基斯坦境内的山坡登上山峰，但意外发生了。

雪崩袭来，他被无情的白雪覆盖在山峦下面，两天两夜，他凭借着雪堆中残存的氧气生存下来，但饥饿时时折磨着他的肉体与神经。

幸运的是，与他同时被雪掩埋的还有几个巴基斯坦土著马尔蒂人。他们熟悉雪崩的救援流程，他们首先自救成功，并意外地发现了摩顿森，将奄奄一息的他也救出来。

摩顿森醒来时，感觉半个身体失去了知觉。他看到了面前的土著马尔蒂人，将他们当成了强盗，因为他们的装束十分传统、野蛮，摩顿森感觉又进了龙潭虎穴。

他们用马尔蒂语问他哪里不舒服，他却听不懂他们的话，只是用右手指着自己的另外半个身体。

接下来的几天时间，他们历经了千辛万苦，为了将摩顿森抬出乔戈里峰，马尔蒂的一个成员竟然意外掉下了山峰，然而他们并没有将摩顿森放下，而是始终不离不弃地将他抬回马尔蒂人的宿营地。

摩顿森醒来时，看到几个彪形大汉手持着刀子，旁边煮着热水，本能告诉自己，他们可能要对自己动手了。他挣扎着想说什么，却浑身无力。马尔蒂的族长亲自主刀，刀子扎进了摩顿森的身体里，原本麻木的身体突然间产生了疼痛的感觉。

再次醒来时，摩顿森发现自己的全身裹着绷带，马尔蒂的族长寸步不离地照顾着他。他们请来了英语翻译，英语翻译告诉他："他们在用原始的方法救治他，这会很疼，但效果比西医还要好。"

摩顿森坐在小桌前面，族长告诉他后面有一壶烹制了一百年的茶，茶叶和水一直向里面续，火却未曾熄灭过，这也是马尔蒂人结交朋友的最佳表达方式。三杯茶摆在摩顿森前面，第一杯茶表示你我是陌生人，第二杯茶表示你已经是我们的朋友，最后一杯茶则说明你已经是我的家人，我将用我的生命来保护你。

摩顿森回到美国后，用大半生的时间写了一本叫作《三杯茶》的书，这本书阐述了自己在马尔蒂得到悉心照顾的经历，着重介绍了马尔蒂人的友谊与交际方式。这本书的出版，赢得了空前的关注，《纽约时报》评论说这是一个美国人对于生命的全新承诺。

其实每个人在与陌生人的交际和沟通中，都需要这三杯可贵的茶。茶叶飘香，融入彼此的胸怀，将陌生和羞涩驱散，残留下来的，尽是倾心与和谐。

如果老树也可以开出新花

在丹麦首都哥本哈根的国家体育馆，一个前世界著名羽毛球运动员正在起草自己的退役计划。在过去的岁月里，他取得过一系列的辉煌战绩，获得过无数次世界冠军，但现在他已经年近30岁了，浑身的伤病困扰着他，使他丧失了继续战斗下去的勇气和信心。

根据羽毛球赛场上的惯例，超过30岁的老运动员都会选择退役，这主要缘于体力的下降和步伐的缓慢。

当他将自己的退役申请送到主教练波尔手中时，波尔一脸凝重，他没有开口劝慰他，更没有直接说出国家羽毛球人才目前捉襟见肘的局面，他只是将退役申请放在自己的办公桌上。

晚上的哥本哈根万家灯火，羽毛球管理中心却是灯火通明，一个老运动员，正在费力练习着打球，他似乎是想将满腔的怒火发泄出来。

波尔走到他的身边，示意他停下来到外面走走。

两人一直不说话，昔日的一对战友、兄弟如今要面临诀别。

两人不约而同来到一株枯死的老树面前，这是一株梧桐树，已经垂垂暮年。

他觉得自己像极了这株老梧桐。

两人在树下坐了下来，波尔不停地用手去抚慰着梧桐树裸露出的树根。

"你不要劝我了，你看这棵老树，它如何能够开出新花？"

"不，老树也可以开出新花的，我希望你一直战斗下去，为国家，为集体，为了羽毛球的将来。"

"我现在浑身是病，毫无信心，我如何去战斗。"他辩驳着。

"如果老树也可以开出新花来，我希望你能够留下来，与老树并肩战斗。当然，也包括我，我是你的好朋友，昔日的战友，如今仍然是。"

他选择了沉默。两人击了掌，夜色残残，灯火如豆。

他以后在训练的间隙，时常过来看这株老梧桐，但它始终没有将自己最美丽的一刻呈现出来，他觉得这可能就是自己的命运。

夜晚时分，在不经意的时刻，有一个熟悉的身影，手里托着水壶，为这株梧桐树浇水施肥。

又一个春天，老梧桐树发狂似地疯长着。先是迷人的花儿开满了枝头，一点儿也不逊色于年轻的那些树。接着，蒲扇般的叶子从生命的最深处迸发出来，占据了所有的枝头。

当年夏天，一个叫盖德的老运动员重新加入了训练的行列，并且他在2005年的中国羽毛球公开赛上获得了冠军。

既然选择了奋斗，他就没有想停下来，他就这样又坚持了6年时间。他驰骋沙场二十余年，达到了羽毛球运动员的最高年龄，就连中国运动员林丹在2011年青岛苏迪曼杯赛后也竖起大指称赞："要向盖德学习。"

盖德的经历使我想起了肯德基的创始人桑德斯上校，他年近七旬创立了肯德基，并且取得了骄人的成绩。

许多人认为自己已经很老了，该停下来好好休息了，已经失去了创业的激情，可激情是人创造出来的，浅尝辄止只能使自己逐渐丧失才能和勇气。

既然老树也可以开出新花，我们为何不抖擞精神，重新迸发出生命的激情与活力，让快要枯萎的生命之花怒放在胜利之巅？

既然老树也可以开出新花，我们为何不丢掉自暴自弃，忘却短暂的得与失，重头开始？

一个男人与另外一个男人的战争

少年决定一死了之，繁重的作业，沉重的压力，父亲决绝的语言，缺爱少暖的生活，所有这些无奈，构成了少年内向的性格。在学校里也不敢发作。

母亲早逝，父亲一个人抚养少年。由于孤独，父亲养成了酗酒的毛病，醉后便大骂生活的辛酸，然后便将矛头指向少年，说少年的作业题不会做，数落少年在班里成绩靠后。

曾经有一段时间，少年的作业题目做得乱七八糟，父亲问他为何不问他？于是，少年向父亲展示了自己的作业，父亲花了一个下午时间，解答那些数学题。

少年动了其他的心思，故意抄了10道奥数题给父亲，可怜的父亲花了一个月时间，请教了数名邻居也无计可施，少年头一次脸上绽放出笑容来。

父亲下岗那阵子，变本加厉地骂他，少年本来对学习没有多少信心，便索性破罐子破摔。他与父亲吵了架，父亲揍了他，他也还了手，头一次，少年觉得自己赢了，因为父亲年老，力量微薄，在与少年的搏斗中，父亲倒在地上。

期末成绩下来了，少年成绩仍然很差，这是他选择轻生的主要理由。如果这样的成绩拿回家，一定会惹父亲生气。在学校里，他依然是大家指指戳戳的焦点人物。

少年决定在周三下午远离这个世界。他选择了浩瀚的长江，因为小时候母亲带他来过这儿，那是他最幸福的童年时光，至今他记忆犹新。

周三一早，少年便离开了家。前一天晚上，父亲回来很晚，他房间的灯一直亮到天明。这样最好，一个男人不会打扰另一个男人的美梦与向往。

少年想起母亲的遗物落在家里，那是一串项链，是母亲留给自己的唯一信物。少年回到家中，推开了父亲虚掩的门。

一张书桌，收拾得一尘不染，抽屉里叠放着整整齐齐的作业本。少年翻箱倒柜地寻找项链，却什么也没有找到，意外地，他看到了那一沓厚厚的作业本。

不是自己写的，竟然是父亲的笔迹，全是课本上的小学试题，一年一年，积累起来，从一年级到五年级，直至六年级。

父亲抄这些干什么？少年觉得奇怪，抬头看时，竟然见墙上方方正正地贴着自己写给父亲的十道奥数题，旁边还有一张纸，这样写道：

　　"儿子长大了，要改变教育方式，他出的题我不会，我如何做一名父亲？我要从一年级开始啃，不相信自己学不会，我要学会后教会儿子。"

　　父亲每晚学习到深夜，竟然是补习小学的功课。儿子想起过往的种种，忽然间号啕大哭起来。

　　父亲为了不让儿子受气，在妻子去世后，没有再娶。

　　当父亲不容易，最难控制的便是臭脾气，父亲知道，他一直在努力改。

　　少年将父亲的东西原原本本地放好，出了家门，他没有坐上去长江沿岸的大巴，而是直奔一座工地而去，在那儿，父亲正在大大的太阳下面辛苦地劳动。

　　这是一个男人与另外一个男人的战争，无时无刻地不在酝酿发生，爱时隐时现，纠缠着他们的爱恨情仇。终有一日，儿子也会成为父亲，也会有自己的孩子。那一刻，儿子才蓦然发现：战争的点燃者通常是儿子，导火索通常是爱，平息者却是父亲。

趁你仍会爱

大雨倾盆，父亲呻吟着趴在你的肩上，你瘦小的身躯被压成一张弓，我跟在你的身后打伞，由于个头儿矮小，我无法用一把破伞照顾好三个人，你命令我要罩全父亲的病身。从家里到县里的医院有十余里地，我跟不上你奔跑的步伐，你喘着粗气，吆喝着我："快点儿，晚了来不及了。"

我知道父亲的命攥在我们的手心里，我不敢怠慢，体质很差的我用尽了平生的所有力量。我不清楚你从哪儿积攒的力量，你背着比你重十余斤的父亲，竟然狂奔了三十多分钟，等将父亲送进急诊室时，你却累得瘫倒在水泥地上。

那个夜晚，父亲的手术一直进行着。你的臂弯成了我的天堂，我重温了儿时的美梦，那个时候，父亲健康，天没塌下。

我和你的衣服全湿了，你拿了医院的窗帘给我带来温暖，却惹来了一阵谩骂。你解释着，无力地退缩着，医院的值班人员命令你将窗帘原原本本地挂回去。我攀上了窗沿，却从冰凉的窗台上滑到地上。你不忍，在工作人员的目光下，亲自上了窗台。你个头儿矮小，以前在家这全是父亲干的活儿，如今你拾了起来。你用了很多时间，才勉强挂好，不好意思地冲着我与值班人员笑笑，那一刻，我心如刀绞。

父亲的病十分重，我被安顿在医院陪床，也正是因为此种经历，让我从小学会了克服各种困难，也使我成为众多姐妹兄弟中最有出息的一个。

父亲没有熬过苦冬，棺材也是借来的，本来执事的说好了，用一卷凉席裹了便可以下葬，你执意不肯，说走了一定要安稳，总得有个像样儿的房子。

我是老大，却只有十岁，你亲自砸的碗，碗中盛着一只半大的鸡，孩子们跟着你哭，日子如苦粥一样。

家里欠下了一堆债，你成了顶梁柱，我们勉强可以做一条合格的檩子。你拼了命地劳作，将自己的时间压榨干净，直至家中的面貌焕然一新。

父亲过世后，你变成了一个沉默寡言的人。我们兄弟姐妹也变了，特别是我，我利用干活的间歇啃书本，书有借来的，也有你从废品堆里淘来的。

十年一刻间，皱纹爬上了你的脸。我考上了大学，在城里谈了女朋友，电话中告诉你，你的声音笑成了一朵花，你非要到城里来看看未来的儿媳妇。我的自私心在作祟，生怕你的相貌吓坏了女友，我以女友的名义拒绝了，虽然很残酷，但我不得不这样做。

你背着我进了城，你迷失了方向，警察帮助你，向你要我的电话时，你却死也不肯说。你求警察将你送到车站，你要回老家，临上车时，你给警察一包东西，请求他们帮忙转给我，说是朋友捎来的。

警察找到我时，我正与女友坐在藤椅上聊天，那个老警察想抽我，他说："我要替你妈揍你。"

兄弟姐妹们相继结婚，你却一直守在乡下，你说乡下日新月异，我们却知道你放不下那几亩薄田，尤其是那离父亲的坟近点儿，你每月都要去看望父亲。

你很少给我们打电话，知道我们忙。我们经常例行公事般地拨通电话后，便草草挂断。

体会到你的孤独与痛苦，我至少用了五年时间。朋友丧偶，欲哭无泪，伏在我的肩头长叹以后的生活该怎么办？突然间，我想到了你：父亲早逝，你却用自己的双手养育了四个儿女，那样艰苦的年代，这是多么伟大的坚持呀？

我招呼兄弟姐妹们回家祝贺你的生日，小弟说太忙了，我将他骂了个狗血淋头，我告诉他们：妈比钱重要。

你打扮得花枝招展的，一大家的人，众星捧月般将你围在中间。我的几个要好的朋友，知道您过生日，买了礼物前来探望。我们这些人用普通话交流，推杯换盏着，唯有你不会说冠冕堂皇的话，大家让你发言，你犹豫了半天，用生硬却温暖的普通话说出了心声："趁还年轻，我还想多干些活儿。"

我的一个哥们儿一杯酒入了肚，抱着你的肩膀，泪流满面。

趁你仍会爱，趁你仍未老，可怕的病魔还没有剥夺你爱的权利的时候，好好地爱你的父母家人吧！

欢迎你回来，儿子

一个犯了错误的孩子，在监狱中苦熬了5年时光，在此期间，他痛哭流涕，几度想轻生，但他的母亲，每周都会在探监时来看他。母亲与他的痛苦正好相反，满面春风，她叮嘱儿子好好改造，她期待儿子回家。

在母亲的感染下，儿子稳定了情绪，在狱中成了积极分子，再次见到母亲时，他远远地大叫"妈妈"，惹得旁边的狱官也潸然泪下。

快要刑满了，儿子却苦闷不已，自己虽然是防卫过当杀人，但毕竟是坐过牢的人，同学们怎么看？镇上的人一定会对自己嗤之以鼻，舆论的压力像一把把无形的刀，会将自己杀死在歧视的眼光里。

出狱当天，母亲与亲戚开着车在门口等他，母亲主动与他拥抱。回到家中，他发现母亲别具匠心地在正厅挂了个横幅：欢迎你回来，儿子。

一桌丰盛的饭菜，在座的全是至亲好友，席间，大家只字不提他的过去，只是说形势如何大好，经济发展如何蒸蒸日上，大家鼓励他创业，前途会一片光明的。

他到小镇去应聘，他以为会碰一鼻子灰，但企业的人员对他关爱有加，并没有提及他不堪回首的过往，虽然应聘不算顺利，但小镇上的人并没有对他歧视，许多人主动与他打招呼。

他渐渐忘记了过去，快乐每天伴随在身边。他辛苦地创业，3年便使自己的企业风生水起。公司里有一个员工，偷了公司的财物，被保安逮了个正着，为了杀一儆百，他愤怒地准备将其送到派出所法办。这名员工的母亲得知消息，跑到他的家里向他母亲求情，两个母亲风风火火地闯入他的办公室，他不听两位母亲的解释，火冒三丈地要求母亲不要干涉自己公司的事情。

那位母亲突然间大哭起来："你如果送他进去，他一辈子能抬得起头吗？"

他拍了拍自己的胸脯道："我不是也有前科吗？进去好好改造，会有希望的。"

旁边的老会计是他的长辈，按捺不住火暴的脾气，吼道："小子，如果不是你母亲苦口婆心地对小镇上的每一个人做解释，不让人歧视你，你会有今天吗？"

突然间，时光回溯，隔着时间的帷幕，他隐约地看到了一位母亲在风中奔，在雨中跑，她对每一个熟识的人解释着："我儿子马上回家了，大家欢迎他好吗？"

　　歧视，使每一个犯过错误的孩子无法重新面对灿烂的人生，他很幸运，母亲用自己的爱，铺就了一条改过自新之路，让他安然地走过了人生中的冬季。

六十里的亲情

　　他在单位里表现优异，但就是不知从何时起，落下一个爱迟到的恶名：平均一周时间，他总要在某个泥泞或者大雾天的点名时刻，姗姗来迟。

　　为了不打草惊蛇，我从侧面了解他的家庭情况：他有一个生病的母亲在乡下，在城里无房可住。这样的家庭，最值得人怜悯。为了不伤害他的自尊心，我只是象征性地旁敲侧击。他爱面子，话未说完，便以一个鞠躬代表所有的愧疚。

　　六月的一天，快要下班时，他竟然不敲门直接"杀"入我的办公室，一脸的慌张神情。

　　作为他的上司，我疼惜这样的人才，因此，我嘘寒问暖道："怎么了，你？"

　　"我想请您陪我去趟乡下，马上，冒充一家企业的老板，我妈妈要落实这件事情。"他想一口气表述清楚,却听得我云里雾里。

这才知道他的故事:

他刚毕业那年,便想在城里找工作,但他的妈妈说什么也不愿意,他与妈妈展开了拉锯战。乡下离城里只有六十里,家里有事情也可以迅速回家,但妈妈说城里房价贵,她答应过早逝的爸爸,要留他在身边。

在乡下,只有一家企业,却濒临倒闭。在他妈妈的带领下,他进了厂,刚干一年时间,厂子便倒闭了,后来,我们公司招人,他便来公司应聘。

他一直瞒着妈妈,妈妈心脏不好,一旦得知儿子违背了她的初衷,怕会一病不起。因此,他一边在城里上班,一边叮嘱看门的老头儿,一定要瞒住自己的妈妈。那家村办厂虽然倒闭了,但厂子规模仍然在,这成了妈妈唯一的依靠:儿子在身边上班,逢人便夸儿子孝顺。

他每天骑着自行车回家,全程六十里,回家后给妈妈喂药,喂鸡,照顾妈妈的起居。

我听得不可思议,两年多时间风雨无阻,每天早上骑六十里到城里上班,下班时骑六十里回家。如果遇到加班,哪怕再晚,他也会骑着车子回家。第二天早上,他必须准时出现在公司大门口,每一次旅程,都将面对黑暗、风雨,他却一直坚持下来。

妈妈发现了端倪,有人告诉她:"那厂子早没人了!"

她怀疑儿子骗了她，第二天非要去厂子看看，见一下老板。

他告诉妈妈："老板早换新人了，是城里人，有钱，有气质。"

这是他邀请我充当老板的主要原因。我满是感动，他的故事讲到一半时，我便决心这个忙一定帮到底。

他照例下班时骑车回家，我开着车在后面尾随，他说不坐我的车，骑车习惯了。

他的家在山区，有一段路程竟然不是柏油马路，刚下过雨，污水横流，他不得不停下车来，将车子搬过去。

他大概用了九十分钟，完成了一趟回家的旅程，我从内心深处佩服他的坚强意志，如果换作我，我大概早已经将这个秘密捅破，或者干脆将妈妈接进城里去住。我知道，他不会这样做，一则是这个秘密的原因，二则恐怕他无力负担起城里高昂的房价。

他的妈妈，瘦弱不堪，走路时浑身无力。我像模像样地在厂里废弃的过道里逡巡着。她见到了我，一躬到地。我搀扶她时，眼泪不自然地跌落下来。

他的妈妈安心了，我去他家中小坐，他家被他收拾得井井有条。我难以想象，他每天骑六十里的路程，就是为了给家中的母亲一个安心，这六十里的亲情，记录的不仅仅是一个儿子的孝心与爱，更是一份执着的信念、品质与勇气。

我想好了一个筹划方案，我计划近日说服老板，收购那家倒闭的小厂，而他将是总经理的不二人选。

母亲的名字

　　过了今晚，一切将重新开始，可以喂马劈柴，可以潇洒走世界。

　　咖啡厅里芳香四溢，客户还没有过来，她不停地摆弄着自己的衣角，汗水将手与布料黏结在一起，形成一种波浪形。

　　她是一家企业的出纳，由于炒股，欠了一大堆的债务。要债人步步紧逼。今晚，会计不在，自己将单独从一家客户手中拿走10万元的现金，这是一桩订单的全款，对方与老板足够信任，老板对自己也足够信任。

　　她已经设计好了逃亡路线，过了今晚，她会扔掉手机，彻底从这个城市消失。

　　她有这个想法并非一朝一夕，她缺衣少钱，缺爱少暖，尤其是男友始乱终弃后，她对生活失去了信心，脾气开始变得暴躁。

老板几次想辞退她，却终因她已经在公司工作6年，成为元老级人物而不忍。

客户将一个塑料包放在桌上，她没有清点，颤抖着接过来，放在自己的旁边。

客户说道："你点点吧，我与马老板是熟人，你是马老板最器重的人，俺们放心。"

她苦涩地笑着不回答，只是胡乱地将钱打开，看着满手的钞票，时间仿佛静止了。她思绪乱成一团，草草地点完，点头表示正确，便将钱塞进塑料袋里。

她坐出租车到了火车站，准备登上前往南方的火车。她准备关掉手机，因为明天一早，马老板就会报案，自己的手机就会处于被跟踪状态。

这时，电话突然响了，竟然是母亲的电话，她的心绪莫名地纠结起来。

电话响个不停，周围的人不停地用目光扫射她，她不好意思地摁了接听键。

"妈。"她的声音有些嘶哑。

母亲在那边轻声地问："你在哪儿呢？"

"我加班呢，最近很忙。"她努力掩饰恐慌，她不想让母亲分担自己负债的忧愁，自己种的苦果，只有自己来尝。

"没事就好，我做了你最爱吃的饺子。"母亲最后一句话，她听得真切，但手却无助地垂了下来。

火车晚了好几个小时，她不得不找了家宾馆住下，手机卡早已经扔进了垃圾筒里。

作为一名资深出纳，从她手中流过的钱不计其数，但这10万块钱却成了自己的救命钱，她从塑料包里拿出来，不停地抚摸着，计算着。

蓦地，她发现了一个规律，至少有50张百元纸币，每一张的右下方，竟然都写着三个字母—"DGL"，这字母好熟悉，她不停地摩挲着，直至突然间想到了母亲的名字。

这怎么可能？每张钱下方竟然都有母亲的名字？她仔细回味着，思索着，她想到了举债时自己对母亲发火，想到了自己不顾母亲的劝慰狠狠逃离，想起了母亲的白发在空中翻飞的场景。

自己会挣钱时，每月都会给母亲100元。而母亲舍不得花，留着备用。母亲每次都会小心翼翼地在右下方写上自己名字的简称，母亲的名字叫"丁桂兰"。

这些钱，竟然无缘无故地出现在客户的款项里，是巧合，或是偶然，不可能，母亲一生也就存这么点儿钱，想到自己的母亲会因为自己的行为受到牵连，她痛不欲生。

她退了火车票，打车回家，灯正亮着，桌上的饺子香气依然。

她第二天早上照常上班，当她将10万元全款交到财务部经理手中时，她长出了一口气，隔壁的马老板也长出了一口气。

此次事件后，她升迁很快，工资也涨得很快，她觉得是自己多年的努力得到了回报。

不仅如此，她还谈了个男朋友。

母亲生日前夕，由于工作态度认真仔细，她得到了一笔5000元的奖金，她与他兴奋地回家，准备将这些钱给母亲。

在温暖的灯光下，每一张纸币都散发着迷人的光芒，而每一张纸币的右下方，都写着母亲的名字。

她不知所措地战栗着，身后白发苍苍的母亲，将菜摆满了桌子。

她不知，母亲早已经看出了端倪。母亲找到了马老板，苦口婆心地求助，并导演了一出精彩的双簧，而马老板本人，也从中学会了善良，叮嘱财务人员保存好写有母亲名字的现金，在另外一个不经意的时刻，让这些钱，重新回到一位母亲的手中。

母亲可以洞悉一切，可以导演一切剧目，母亲的名字闪烁着如太阳一样耀眼的光辉。

你不再是我的对手

我常记得童年时3月的街上微风徐来，吹散了不肯离去的年味儿与烟花。你站在街的对角，看我懦弱地从早春的泥泞中爬起来，一脸诡秘地笑，同时伸出手指缠成一个玲珑的兰花手。那时候你的手油滑，你有一双拿笔杆子的手，却总想与我打架，锻炼我的意志，不让我在以后的岁月里受欺凌。

我从小便误会你，也许每一个儿子都在用一生的时间误会一个父亲的辛酸，包括他为儿子做出的种种匪夷所思的事情。

你示意我爬起来，细腻的手招呼我继续与你斗争，叛逆的情绪让我不再以为这是你的鬼伎俩，而是超越亲情的挑衅，我勉强撑起弱小的身躯，然后便跌倒在春的烟雨中。

母亲与你理论，说你的这种教育方式是滑天下之大稽，儿子本来与父亲就是天生的敌人，你却在加深敌对情绪。

我一直以为你十分强大，深不可测，却在一次意外的事件中，让我窥见了你的短板。

你颤抖着，将我拽到你的身后，歹徒举着刀，虎视眈眈，我开始时以为这是你送给我的一份惊喜，又是一次天翻地覆的考验，后来事实让我意识到我们的处境有多么危险。

你受了伤，如果不是我及时出手，恐怕后果更加严重。

你逢人便夸奖我的身手不凡。尽管你胳膊上有伤，但依然监督着我的学业，从不间断。你在远处的工地上找了个不太称心的工作，我以为自己从此可以放松自由了，你却在每天下班后准时出现在我的面前。

你这样坚持了3年，而我也用优异的学习成绩回报了你的付出。你告诉我：从此以后，我的出人头地不仅仅关系着个人的命运，更维系着你与一家人的命运。

又一次激烈的碰撞是在我恋爱那年。你无论如何也不肯答应我娶一个外乡媳妇儿，我在电话中说你自私，瞬间，你的滔滔不绝化作一种寂静，让我感到敬畏与不可承受之重。我们就这样僵持着，谁也不肯先挂掉电话，我们都是男人，都不肯退缩半步。我以为你自私，你认为我不可一世，婚姻的事情，不是一个人说了算的，你想用家族的名义干涉我的爱，而我呢，则以长大成人为由回绝了你的干涉。

母亲先挂了电话，在女友的大力支持下，我决心回家向你解释，其实是较量与理论。我让女友装作怀孕的样子，你瞠目结舌，后来索性自己在庭院里喝酒。

这一次，我是胜利者，我想告诉你：一个男孩已经长成男人。

我后来才知道你的良苦用心，你想让我留在家中，我是你的独子，你不想让我离开你太远。

母亲陪你到北京看病，我看到了你的苍老，在此之前，你没有将自己得病的消息告诉我。

一个儿子与自己的父亲如何才能做到深刻地交流，这是一件多么困难的事情呀！

我放下所有的工作，全心全意地照顾你，虽然你不肯，你不愿意让自己的儿子帮助你上厕所，更不愿意在自己的儿子面前丢掉尊严。我好想告诉你：从此以后，你必须安心在我的照顾下过好晚年，这便是一个儿子的最大心愿。

好在苍天佑人，你的病没有大碍。你欢喜得不得了，像个孩子似地在我新买的房子里欢呼雀跃。

你年轻的时候老是委曲求全，不爱发泄自己的情绪。现在，你解脱了，这是自己的家，面前全是你最亲的人，你可以尽情地宣泄。

从此以后，我们化敌为友，再也不是敌人，因为你与母亲，一直是我最亲的人。

爱的木偶

哈利丝长着黄黄的头发，怎么看怎么像童话故事里的丑小鸭。班里的同学们都对她嘲笑、奚落，因为她的右臂残疾，走起路来有些像木偶。

哈利丝委屈地回到家里，祖母问她缘由，得知原委后对她说："你不是爱演戏吗？明天我带你到街市上。"

第二天上午，在艾普利大街上，许多人在那里表演木偶戏，哈利丝看得入了迷，祖母现场鼓励她上去表演一首歌曲或者是一个舞蹈。

祖母上前给老板说好话，那天上午，有人看见一个满头黄发的小姑娘一脸僵硬地站在露天舞台上表演节目，她很卖力气，但还是吓跑了许多人，老板气得不得了。

夜里，祖母对哈利丝说："不要沮丧，你第一次表演已经很好了，只是有些紧张，以后要加强这方面的锻炼才行。"

其实，她一直希望有一天能够站在大型舞台上表演一次，当这个想法被同学们得知后，大家都说她疯了。

回家时，她一脸沮丧，祖母看在眼里，急在心里。

突然有一天，祖母对她说，通过多次努力，还有班主任老师的推荐，她有机会到州立大剧院去表演自己的作品，但时间只有3分钟。

哈利丝喜出望外，她开始刻苦地练习，这样努力只想换取3分钟的掌声，来证明自己会出人头地。

表演的当天，她打扮得很漂亮，镁光灯闪烁着，她只能够看到第一排中间的位置上，祖母正襟危坐。

悠扬的歌声洒满舞台的所有角落，那些可爱的声音轻轻地盘旋着，久久不肯离去，演出结束后，满场响起经久不息的掌声。

当她躬身向台下施礼时，台下的灯光亮了起来，她突然发现台下竟然只坐着祖母、老师和同学们。在后面的座位上，一排排坐着的全是那些从市场租来的精致可爱的木偶。

祖母笑着对她说道："你听见了吧，木偶们都在为你鼓掌，你不是木偶。"

祖母为了她今天的3分钟演出，卖掉了所有的鸡和鸡蛋；老师和同学们热情地为她的演出捐款。她会永远地保存当天自己演出的TV，并告诉自己：为了那些可爱的木偶，自己也要拼出一个不平凡的人生。

父亲的角色

　　我一直忌惮开家长会，作为老师，这是我分内工作，本无可厚非，但主要是班里有三个农民工的孩子，每逢开家长会时，三位家长总会显得与城里的家长格格不入。我是害怕伤害孩子们的自尊心。

　　记得第一次开家长会时，城里的家长早早到了，个个举止优雅，谦谦君子的模样。三个农民工孩子的父亲足足迟到了半个小时，他们进教室后，手足无措，一股子煤灰水泥的味道扑鼻而来，等到他们回答我的问题时，个个不知所以然，我只好草草收场，以后心里面便多了个结。

　　再开家长会前，我觉得有必要对他们做一个简单的培训，最起码衣服得换成新的，洗个澡，举止是能训练出来的，这个需要时间。

　　我在工地上找到他们时，他们搓手表示不好意思，想找个地方让我坐下来，我却望着脏兮兮的地板犹豫。我站着为他们做了简单的培训，并且说了我的想法："三个月后，班里要举行学生与家长的联欢会，邀请你们参加，学生们与家长要进行互动，表演节目。"

　　一个家长笑道："我们不会呀，换新衣服咱会，这个没问题，表演节目，这个的确有点难。"

　　我向他们解释："最主要的是不能伤害孩子的自尊，如果你们不打扮得体面点，会让城里的孩子瞧不起你们的孩子。"

　　一周后的一天，他们三个结伴来找我，请求我培训他们，为了三个月后的表演。

　　我没有想到他们如此认真，即使表演不好也无所谓，只是交流心得而已。但话到嘴边，我却无法这样表达出来，我不能伤害三颗认真准备的心。

　　我给他们简单排演了流程，其中一个家长擅长唱歌，唱山曲十分流畅，我听他唱了几句，感觉声音十分空灵，如果能够加上几句开场白最好了。第二个家长会说数来宝，我听他说得云里雾里，也好歹可以过得去。最后一个家长目不识丁，木讷、老实、呆板，我开导了半天，他也不肯表达自己的心声。我最后说道："讲笑话吧，这可是最基本的了。"

　　他摸了摸衣袖，认真地点头。

　　我说你准备一下吧，下周这个时候，我要看你们的准备情况。

为了随时摸清他们准备的情况，周三我让三个孩子到办公室询问。小宝说爸爸准备得可认真了，每天夜晚唱歌。小强说爸爸认为数来宝不好听，他想说段相声。我说可以呀，如果你和爸爸来段相声，一定是趣味十足。小江一直低头不语，像他的爸爸，我问他爸爸准备的情况，他说爸爸没准备，说不想来了。

这句话直刺我的心灵深处，我想找他的爸爸聊聊。

我正准备回家时，小江的爸爸过来找我，他不停地摆弄着衣角，半天时间才说话："老师，我想跳段舞。"

什么，我大惊失色，但转而支持道："可以，只是你以前跳过吗？"

"小江妈死得早，没死前，我喜欢跳舞，只是后来不敢跳了。10年了，我与小江排练一段舞蹈，希望老师支持。"

我躺在床上怎么也睡不着，他的身材魁梧，无论如何都不是跳舞的料，我不敢想后果，只有找借口想劝慰他，但我实在不想打击一个父亲的勇气。

三个月转眼而逝，同学们带来了精彩的节目，城里的孩子表演时十分卖力，个个像明星，家长们配合得也天衣无缝。

三个农民工孩子的父亲也穿了西装，头发弄得十分扎眼。小宝与爸爸唱的歌引来阵阵掌声。小强与爸爸的相声说得惟妙惟肖。轮到小江了，过了好长时间，才发现小江与爸爸从一间办公室里走出来，他们特意穿了表演服装，一段古式的舞蹈使现场的气氛达到了高潮。

我惊叹于这个父亲的良苦用心，他的举手投足间，尽是舞蹈家的风范，身材不般配，腰肢却十分灵巧，显然他们准备了很长时间，行云流水般的配合，毫无破绽。无疑，他们的节目是整场晚会中最好的。我眼含泪水，过去与小江和他的父亲热烈地拥抱在一起，哭声与笑声交织在一起。

后来才知道：小江的爸爸为了今天的演出，特意借了演出服，并且晚上去向一位舞蹈老师请教。为了减肥，他每天只吃一顿饭，在工地上饿得双眼浮肿，可他一直坚持着。

父亲的角色瞬间实现了华丽的转身，我感慨于一个父亲的爱和执着，我相信他们已经在热闹纷扰的城市里找到了属于自己的一片天空，在这片天空里，有爱、信心和勇气。

他们是这个城市最酷的美容师，他们的孩子一定是这个城市明天的希望。

给鹦鹉开工资

英国的伦敦郊区有一家酒店叫汉诺酒店，生意兴隆，门庭若市。老板是个理财专家，加上老板夫人经营有方，一时间声名鹊起，成为伦敦郊区首屈一指的龙头酒店。

一只调皮的鹦鹉，不知从何方来，每天凌晨与傍晚时分，会站在酒店院里的矮树上对每一个出入酒店的人说客套话。这只鹦鹉简直成了酒店的亮点，许多顾客以为这是老板的巧妙安排，口耳相传后，鹦鹉竟然逐渐成了揽客的主要元素。

鹦鹉不请自到，它的作息时间十分精准，会每天早上6点到来，8点离去，晚饭时也会待两个小时。它表演时，几乎所有的顾客蜂拥而出，端着饭碗、端着酒杯的人群不由自主地集中在天井院里的一棵矮树前面，与鹦鹉认真地对话，而鹦鹉往往不负众望，每天的问候语都会更新，包括英国新任首相是谁，它都可以如数家珍。

老板夫人舍里对这只鹦鹉的到来感到十分奇怪，但它并无恶意，并且为自己带来了滚滚财源，因此她没有阻拦。

半年后的一天，大家起床时，并没有习惯性地听到鹦鹉可爱的问候语，鹦鹉不知所终。鹦鹉本身就不是酒店的一名员工，它有自由与选择权。这却影响了酒店的生意，许多回头客与新顾客，早已经将鹦鹉视作酒店的一部分，如果没有鹦鹉的加盟，酒店失去了活力。没有多长时间，酒店生意一落千丈。

寻找鹦鹉，成了酒店所有员工的首要任务。

老板与老板夫人亲自出动，到处寻找这只伟大的鹦鹉。

关于鹦鹉的传奇故事不胫而走。这只神奇的鹦鹉，不仅仅可以给大家带来欢乐，更可以招徕顾客，简直就是财神爷再世。

汉诺酒店的隔壁，住着一位落魄的动物学家切丝，他平日的爱好便是收藏鹦鹉。他十分勤恳地教鹦鹉说话，但是无法找到生财之道。有一日早晨，他突发奇想地开始训练其中一只鹦鹉到汉诺酒店当一名员工，待收到奇效后，他突然将鹦鹉关了起来。

舍里很快找到了鹦鹉的主人，双方很快谈拢了交易，舍里给鹦鹉开工资，报酬是每一小时400欧元，过去的6个月，全部按照满勤计算薪水。

这还不说，切丝收藏的一百多只鹦鹉，很快被闻讯而来的各大机构签了租赁合同。一百多只鹦鹉，都要经过切丝严格的训练后，分布到学校、宾馆、医院，甚至一些政府机构的大院里，条件是每小时按照400欧元为鹦鹉开足额的工资。

在学校里，鹦鹉会准确地提醒学生们安全注意事项；在医院里，一只鹦鹉的到来，使病人增强了生存下去的勇气与希望；在政府机关里，鹦鹉可以为烦躁的工作带来生机。现代都市人，缺乏的正是鹦鹉那种嘘寒问暖的勇气与力量。

据粗略计算，切丝每月的收入大概在400万欧元，并且所有的食品均来自使用部门的免费提供，而且无丝毫风险，可以说是一本万利。

《伦敦时报》这样评价一个落魄仔的成功理念：不用宣传，一个出奇不易的理念便可以赢得口碑；无须复制，创新才是成功与否的关键。

建一座免费的游乐场

曼彻斯特市第一小学旁边，有一座废弃多年的游乐场，搁置的主要原因是生意差。8年前，一个老板看中了这块土地的商机，认为在小学旁边建一座现代化的游乐场，生意一定会出奇火爆。因此，他购置了全欧洲最冒险的游乐玩具，打出了刺激和完美的招牌。当然，收费也十分高昂。

但事与愿违，开业时的热闹仅仅维持了几天，游乐场便闲置下来。运营半年后，老板只好关门停业，准备将游乐场租给他人。

许多人觉得这块土地不祥，不会带来财富，以讹传讹后，开发商也望而生畏，土地与游乐场荒废下来。

2012年3月，一个叫瓦格里的大学生，因为失恋、失业，背着家人在游乐场待了三天三夜。一片荒芜的土地上，时而会有鹰翩跹飞过，一阵恐惧感油然而生。

瓦格里突然间有了租用这块土地的想法，他想让游乐场起死回生，他这样做的目的竟然是为了自己出人头地后，让前女友后悔不已。

同年4月，瓦格里不费吹灰之力便赢得了这块游乐场的使用权，他立即开始重新布置游乐场。当年的老板不停地告诫瓦格里不要后悔。

瓦格里首先对学校的学生进行了采访，在采访中他得知：学生们希望一边玩耍一边学习，同时对高昂的游乐场收费感到不可思议。

瓦格里又对附近的家长进行了采访，家长们告诉瓦格里：只要学习好了，孩子们玩耍是不会被阻拦的。

综合了各种因素，瓦格里喜出望外，他萌生了建立全欧第一座免费游乐场的想法。全额免费，是不是天方夜谭？高昂的维护费用、人工工资从何而来？瓦格里想到了在学习上面下功夫。

免费游乐场可以免费对学生开放，但在游乐场的入口处，建立了一座考堂，所有免费玩耍的学生，必须回答考堂提出的各种奥数、语言或者物理方面的难题。如果回答上来，则可以兴冲冲地进入游乐场尽情玩耍；如果回答不上来，必须回到学校里或者家中继续学习。

不仅如此，一个现代化的培训室在游乐场旁边拔地而起，而且收费不菲，那里给学生传授基础知识，并且使他们能够回答考堂提出的各种怪题。

于是，出现了这样的局面，培训室人来人往，报名的学生乐此不疲，家长也穿梭在人群中，对于这样的创意感到不可思议，因为通过知识来促进学生们玩耍，这在全世界，尚属首次。

2013年4月，免费游乐场运营一周年之际，据媒体的相关统计结果：免费游乐场日接待客流量超过300人，瓦格里运用这种出奇制胜的培训、考题和免费游玩相结合的方式，一年赚了200万欧元。

免费的游乐场，足以吸引众人艳羡的目光，加上千奇百怪的教室里学不到的难题，更加上独特的培训基地，使得这座看似毫无盈利可能的游乐场充满了商机。

瓦格里抓住了学生好玩儿而家长希望学生努力学习的心理，使二者有机地结合起来，不仅仅完成了家长们的心愿，更满足了孩子们猎奇、玩耍的心理，这是不可思议的组合与成功。

每一个西红柿都可以追溯

　　阿根廷首都布宜诺斯艾利斯，是有名的西红柿之都，这儿几乎有全世界所有品种的西红柿。阿根廷人喜吃西红柿，很多西红柿商人想将阿根廷这种特产推广到全世界。

　　由于需要远洋运输，不仅要考虑到运输成本，更要考虑到路程与西红柿的熟透程度，因此商人们在西红柿的包装上下足了功夫。

　　商人们通常摘下似红非红的西红柿，然后在西红柿上抹上一种叫催熟剂的化学药品，这种药可以控制成熟的时间，但这类药却有毒，吃久了，对身体会造成不同程度的伤害。

　　这成了影响阿根廷西红柿走向全世界的瓶颈。

　　许多商人想到了自然成熟，但每每把握不了时机。因此，50年以来，没有一个商人，可以将阿根廷的西红柿做成品牌。

　　一个叫阿侪的落魄商人，一直在研究不同大小西红柿成熟的最佳时机，他先后在不同距离、不同温湿度环境下做了实验，终于研究出一套西红柿成熟的理论，通过一年多时间不同季度的运输实验，他取得了成功。他的做法是：根据不同的西红柿的成熟期，不再涂抹化学药品，当运到目的地时，让西红柿达到自然熟。

　　这的确需要精确的计算，成本高，人工费用尤其高昂。阿侪一开始赔了个一塌糊涂，但品牌很快树立了，由于他的西红柿无公害，很快赢得了口碑，一时间，虽然价格不菲，不但美国、欧洲的购买者如云，前来订购的中间商更是排成了长队。

　　一些不法商人开始模仿阿侪的技术。技术有时候就是一层纸，一些亲近友好的人，从阿侪的手中偷走了这类工艺的制作技术，一时间盗版者无数，阿侪的品牌遭受了重创。

　　阿侪看到了每一类商品都可以实现追溯与防伪，因此他决心让每一个西红柿都可以实现追溯。

　　这何其困难？开始时打标识，很快便会模仿。后来阿侪想到了防伪码，在每个西红柿的尾部，全部贴上了阿根廷商业局批准的防伪码，防伪码旁边有西红柿的代码，证明这是本公司生产的西红柿。

　　阿侪绝对是疯了。其他竞争商人望而却步，繁琐，不可思议，需要多高的人工成本？许多人选择了退缩，但这正中了阿侪的招数。

　　半个欧洲以及北美洲，这类可以实现追溯的西红柿成了一种招牌，这样的西红柿才是无公害的食品，才是可以放心食用的蔬菜，阿侪的品牌意识取得了成功。

将每一个西红柿进行追溯，需要的不仅仅是勇气与力量，更是超人的胆识与智慧。有时候，不可思议的创意，缺乏的仅仅是恒心与毅力。

半瓶矿泉水带来的财富

法国是矿泉水生产大国，各种品牌的矿泉水琳琅满目，让人目不暇接。

巴黎市郊区，有一个叫皮埃尔的矿泉水生产商，他半路出家，对经营矿泉水没有经验，结果败得一塌糊涂。老板皮埃尔粗略计算了一下：半年时间，从接手濒临倒闭的矿泉水厂到现在，亏损约100万法郎。

企业面临倒闭的窘境，如何使矿泉水厂转亏为盈，是摆在皮埃尔面前的难题。

他曾经想过生产其他性质的饮料，但是由于没有专利技术，更没有适合的人才，不敢轻易转型，思前想后，还必须在矿泉水上下功夫。因为无论从技术还是管理上，皮埃尔自认为自己的团队不落伍，根本的问题在于：大家根本记不住皮埃尔这个矿泉水牌子。

一日，皮埃尔到巴黎市区参加一个重要会议，其间每人发一瓶矿泉水，中途组织者要求大家出去合影，等到回来时，发现矿泉水混放在一起，大家无论如何也无法识别哪一瓶是自己喝过的水，一时间，陷入尴尬的境地。一个服务员无奈地说道："现在的矿泉水全一个模样，连做标识的地方都没有，难免拿错。"

一句平常的话语，提醒了皮埃尔，如何能够在矿泉水上做出标识，更加趋于人性化，使大家可以随心所欲地记得哪个是自己喝过的水，不失为一项重大举措。

查阅相关竞争对手的信息和世界各大矿泉水品牌，竟然全无做标识的先例。

皮埃尔喜出望外，他加大了研发力度。3个月后，全球第一批可以做标识的矿泉水生产出来，外面一层薄薄的油纸，记录着厂家信息、容量及防伪标识，但在最上方却空着一小部分，拧开瓶盖，一只微型的铅笔就镶在瓶盖里，如果你喝了一半的水，铅笔就起了作用，空白的地方是用特殊的碳纸做成的，铅笔可以留下自己的姓名或者代号。

这是一项不增加成本的举措，因为微型铅笔的成本微乎其微，而多加一部分纸的代价也可以忽略不计，但这项人性化的措施却引起了矿泉水业的一场革命，打破习惯，让矿泉水也可以标识本身就是一种创新，这对于有着百年传统的瓶装矿泉水来说，无异于一场革命。

皮埃尔通过这个简单的措施，使得全法国记住了一个叫皮埃尔的老板与一个叫皮埃尔品牌的矿泉水。大家竞相购买这类品牌的矿泉水，一时间，竟然出现了断货的情况。

如今，皮埃尔已经成为全法、全欧乃至全世界著名的矿泉水品牌。

一个小小的创新，虽然似蜻蜓点水，却可以掀起蝴蝶扇动翅膀般的效应，在强手如林的竞争大潮上赢得属于自己的一艘船，这便是创新的魅力所在。

无人看管的酒吧

法国巴黎香榭丽舍大街有一家著名的巴贝拉酒吧，酒吧的老板巴贝拉先生苦心经营多年，宾客如云，生意火爆。

由于店铺过多，他与妻子照顾不过来，就邀请了一位朋友照顾这家酒吧，但每每应接不暇。朋友桑丁奇先生妻子有病，他几次找到巴贝拉先生，请求离职。

巴贝拉短时间无法找到一位合适的管理者接管，他便关闭了巴黎其他地区的几家酒吧，以便专心经营巴贝拉。

但他收到了政府部门的投诉，许多消费者认为他故意关闭酒吧，是为了变相敛财，以图将来赚得更多。巴贝拉有苦难言，政府部门给他下了通牒：关闭的几家酒吧，必须照常营业，否则就让它们彻底倒闭。

巴贝拉只好请了几个年轻人照顾店面，但几天时间，便出现了亏损、慢怠顾客等现象，巴贝拉先生苦恼到了极点。

一个傍晚，巴贝拉先生很晚才打理完当天的生意，他正疲惫地坐在香榭丽舍大街上出神时，忽然发现了路边有一台自动出售饮料的机器。他灵机一动，但很快否定了自己的想法。其实，他是想让酒吧无人化管理，全部设置成自动售货的机器，饮料可以这样做，但菜呢，总要有人调配吧，加上酒吧里的酒也需要调酒师根据顾客不同的需求进行勾兑。

回到家里，妻子看到他愁眉不展，便追问缘由。妻子听完他的讲述后，说道："让顾客们自己调酒呀，我们自动售出原酒，他们调不好，是他们的责任，在全世界，也没有顾客自己调酒的先例，我们可以打出广告：进入无人酒吧者，每个人都是调酒师。至于菜，主打凉菜，预先调配好，也装在自动售货机里。"

这顶高帽戴得好。巴贝拉费了半个月时间，将巴贝拉酒吧变成了全法第一个无人看管的酒吧。

回头客极多，进入酒吧里，没有服务员，全部是自动售货机，墙上贴着流程，包括调酒的工艺及方法。

本来是尝试，巴贝拉以为生意肯定会下滑，因为顾客哪里肯自己调酒，他们习惯了原来的服务方式，这样的改变，一定会导致门可罗雀。

恰恰相反。大批的男女闻讯而来，想看看全法第一家无人看管的酒吧是什么样子？让自己调酒，是对男人能力的肯定，是女人展示才华的好机会，这儿成了恋人们的天堂。有些有素质的男女们，看到无人看管酒吧，吃完后，会将酒杯与碟子放到指定的位置，这减轻了清理的难度。

巴贝拉在全法开了6家无人看管的酒吧，虽然也曾遇到过问题，比如说小偷会浑水摸鱼，一些好事者会砸烂公共设施，但营业额却只增不减，况且减少了人工费用这项宠大的开支，总体来说，盈利是肯定的。

酒吧也可以无人看管，是对传统观念的挑战，更是企业可以百战不败的制胜因素。

会唱歌的酒瓶

诺克是一个落魄的音乐人，从大学音乐系毕业后，参加过电视上的选秀活动，却总是没有好的表现。后来，索性当起了职业吉他手，在地铁站里，到处演唱自己谱写的歌曲，但遗憾的是：没有一个伯乐发现他这匹自信的千里马。

诺克渐渐学会了买醉，那是一家店面窄小的酒店，老板兼厨师兼侍者查理也是一筹莫展，他的经营理念无法适应多变的市场局势，传统的手工模式无论如何也不能吸引食客的注意力。

诺克常常光顾于此，主要是因为这儿的啤酒便宜，这也是查理吸引人眼球的最后一个亮点，他通常以最便宜的价格兜售店中快要过期的啤酒。

不需要菜，诺克喝得酩酊大醉，醉后无钱支付，常常唱一首歌或者弹一段吉他顶账。而查理也不是个较真儿的人，常常以无所谓的态度默许诺克喝到天明。

诺克有事没事时，便成了这儿的帮工，偶尔会有几个零星的食客到访，查理懒得理他们，诺克便亲自下厨，除了可以解燃眉之急外，其实他是想大快朵颐一场。

一个夏日的午后，几个食客来访，查理睡着了。诺克像往常一样给顾客拿去一打啤酒，但他没有注意到的是，自己的音乐CD连同电源线不知何时落入捆扎好的啤酒袋子里。

顾客们打开啤酒，迫不及待地品尝啤酒，以消除夏日午后的烦躁，而诺克回到厨房，随手打开了电源开关。

音乐骤起，啤酒袋子里的CD发出温暖的声音，几个疲于奔命的路人，刚刚将啤酒送入口中，猛然听到迷人的音乐，顿觉精神焕发。音乐并未停下来，因为诺克喝多了，倚在厨房里的一张桌子上睡着了。

音乐播到了头，顾客们站起身来，跑到厨房里面，兴奋地与诺克握手，感谢他免费送给自己如此一段别致的音乐盛宴。

诺克云里雾里，后来才知道自己在醉后无意中制造出了一套惊天动地的巧妙配合。音乐与啤酒结合，一定会产生珠联璧合的效果，诺克突然间精神大振，酒意顿消。

经过精心制造的CD，就绑在每瓶啤酒的左下方，当啤酒打开的瞬间，开关自动生效，音乐四起，迷人的歌声，出自一个男生之口，尤其是顾客们半朦胧状态时，音乐产生的魅力与啤酒折射的力量糅合在一起，产生一种绝无仅有的享受与浪漫。

由于有了会唱歌的酒瓶，查理的小店生意忙碌起来，许多食客们光顾这家小店，其实是想欣赏一下这种独特的组合。

食客们不仅仅记住了啤酒的味道，更记住了这个唱歌的男生。

路人宣扬，媒体宣传，电视台采访，诺克很快声名鹊起。半年后，他便出版了自己的第一张个人专辑《会唱歌的酒瓶》，这段缘于神奇发明的故事大白于天下。人们啧啧称赞两人的联合简直是饭店业与唱片业的"速配"，是一场经典的演绎。

虽然事出偶然，但在瞬间产生的灵感火花还是来源于厚积薄发的智慧与生存力量。

为浪费的粮食建一座博物馆

在德国亚琛市，刚刚毕业的大学生卡马斯为生计而烦恼。受金融危机影响，德国经济停滞不前，失业率高升，大学生就业前景堪忧。卡马斯为了谋生，在不得已的情况下到一家酒店当服务生，虽然工资不高，但最起码可以解决吃饭的问题。

半年的时间里，卡马斯发现一个问题：客人所点的饭菜浪费严重，许多剩菜剩饭被当作泔水拉走。甚至有一次宴请时，一桌子饭菜，只动了几口便被可惜地扔掉。

卡马斯利用业余时间，开始收集客人浪费的粮食，开始时是出于好奇，将浪费的粮食装满了自己的房子，时间久后变馊变臭，一屋子的难闻味道。

卡马斯准备重新择业，他辞去了服务员工作，开始经商，但是由于不懂经商之道，他亏得一塌糊涂。

与同学们参观海洋馆，各种珍奇动物吸引着众人的眼球，卡马斯突然间灵感顿生：如果为浪费的粮食建一座博物馆，不仅别具匠心，可以吸引游客，还可以呼唤人们节约粮食。

但剩饭剩菜的保存是个大难题，卡马斯租用了一家旧货商店，购进了冷柜，为每种粮食建立一个小型的橱窗，浪费的粮食锁定在冷柜中，加上黄色的背景，再用简单明了的文字进行说明。

颇具规模后，卡马斯与一些同学开始应聘到各种酒店当服务员，只消半年时间，他们便收集了几千种各式各样的被浪费掉的粮食，琳琅满目地摆满了橱窗里。

头一拨游客光临后，产生了疑问，这些被浪费掉的粮食是否真实？是否刻意而为？为何不在说明中加注这笔粮食被发现的时间、地点与人物呢？

时间地点档案中就有，但关于是否加注人物的问题，却很棘手，这涉及个人隐私，可能会受到威胁与报复。

考虑再三后，卡马斯去掉了人物这个要素。

2012年3月，博物馆第一次全面向游客开放，由于事前媒体的炒作，开放第一天博物馆就接纳了至少2000个参观者。

2012年10月，博物馆进行了扩容，二楼也被卡马斯租借下来，重新进行装饰后，向游客开放。

博物馆的开放，在整个亚琛市引起了剧烈的震动，舆论哗然，全市掀起了一场声势浩大的讨论，浪费粮食可耻已经成为一条深入人心的准则。

只需要30欧元，便可以步入宽敞明亮的博物馆中，每一次多余的消费都是一次铁的印证，每一个橱窗似乎都在向世人控诉。

卡马斯现在已经成为这家博物馆的馆长了，他手下有一大批年轻人，免费宣传节约的意义，博物馆会在节日期间免费向学生开放。

我们扔掉的粮食也可以建一座博物馆，卡马斯眼光独到地抓住了这个契机，不仅赢得了良好的口碑，也获得了一份收入可观的工作。

为小偷办理保险

法国巴黎市郊区有个村庄叫浮尔村，村里大约有一千余人，本来生活和谐，相安无事，可最近偷盗之风盛起，防不胜防。政府出动了大批警察抓小偷，反而使得小偷与警察形成了对峙局面，一时间，草木皆兵，商家关门闭户。

附近的镇上有一家保险公司，保险公司里只有老板和一个雇员，他们的生意十分惨淡，每日里除了喝茶外，雇员便与老板协商自己能否辞职。因为雇员实在对这样的生意蹙眉头，他不希望自己的青春浪费在这里。

老板马德尔十分郁闷，他每日到街上游说老百姓，希望他们能够接纳自己设立的保险公司，或者有时候去政府机关，希望他们投资给他，因为自己的资金链早已经到了断裂的边缘。

忽然有一天，保险公司贴出了一张公告：给小偷办保险。大致内容是：小偷这个行业充满了风险，如果办一份保险，则可以帮助小偷们渡过难关，而且安全有了保障。

这样吸引人眼球的消息一经登出，便妇孺皆知。有些好事的小偷便想挑衅一下这个大胆的老板。他们选择在一个周日上午正大光明地走进这家保险公司。

"你们需要接受我们的培训，要坚持21天时间，这是我们的要求，在此期间，你们不得从事任何与本职业有关的活动，当然，所有的消费归我们公司负责。"

小偷们哈哈大笑，他们当然不会被这样的大话吓倒，他们签了字，而且答应服服帖帖地接受保险公司的培训。

21天培训开始了，培训课程是保密进行的，没有人知道他们在培训什么，只知道这期间小偷们的活动有所收敛，村里治安情况有所缓解。

培训结束后，大家看到那些小偷们早已改头换面。21天的坚持，使他们从骨子里接受了一种正式的教育，他们转而成了保险公司的保险宣传人，并且取得了一定的报酬。

大家不相信有这样的奇迹产生，其他小偷也开始报名，不到两年时间，村里的小偷消失殆尽。

马德尔从政府那里取得了一笔可观的投资，因为他答应政府的目标已经实现了，在两年时间里，通过他的教育与培训，小偷们不再成为社会的败类，而是社会的可用之人。

当地报社在采访他时，他解释道："21天是心理学家告诉我的人们改变习惯的一个周期，在21天里，我邀请了心理学家、培训专家对小偷们进行心理教育，迫使他们觉得偷盗是可憎的，而通过正式经营才是正道。不仅如此，我还邀请了他们的家人前来，没有家人的便邀请他们的朋友游说他们，让他们感到这世间仍然有温暖存在。"

给小偷办保险，只不过是一个幌子，马德尔利用这个温暖的借口使得自己的保险公司转危为安，并且取得了当地人的信赖：连小偷都可以教育过来的公司，他们的信任度一定是最佳的。

马德尔如今不仅办保险公司，还开了一家培训机构，专门接纳社会上各式各样的人，许多家长们将自己厌世的孩子们送过来接受培训。

面对小偷，许多人一筹莫展，转变思路，反其道行之，就可以收到意想不到的效果。